U0831650

煤炭高等教育“十四五”规划教材

材料科学导论

主　编　徐子芳　王金香　王庆平

中国矿业大学出版社
·徐州·

内容简介

材料作为现代文明的三大支柱之一，是冶金、机械、化工、土木建筑、信息、能源、航空航天等工业的支撑，是社会发展进步的物质基础和技术先导。为了使读者全面了解和掌握材料的基本概念、特性、应用领域和发展趋势，本书分不同章节分别阐述了材料的基本概念、材料与社会内涵、材料科学与工程纲要科学属性、材料科学与工程的形成与内涵、材料工艺、金属材料、无机非金属材料、高分子材料、复合材料、高性能结构材料、智能材料及材料分析方法等相关内容，重点突出各种材料的性能与应用。本书语言简洁、通俗易懂，内容涵盖面广、信息量大、科学性强，具有较强的实用性和可读性。

本书可作为材料科学与工程专业导论课程以及理工、经管等非材料类专业大学通识教育基础课程的教材，还可作为从事材料相关领域的科研人员、管理人员以及生产技术人员的参考书籍。

图书在版编目(CIP)数据

材料科学导论 / 徐子芳，王金香，王庆平主编. —徐州：中国矿业大学出版社，2022.12

ISBN 978-7-5646-5390-3

Ⅰ. ①材… Ⅱ. ①徐… ②王… ③王… Ⅲ. ①材料科学 Ⅳ. ①TB3

中国版本图书馆 CIP 数据核字(2022)第 073562 号

书　　名　材料科学导论
主　　编　徐子芳　王金香　王庆平
责任编辑　何晓明　何　戈
出版发行　中国矿业大学出版社有限责任公司
（江苏省徐州市解放南路　邮编 221008）
营销热线　(0516)83885370　83884103
出版服务　(0516)83995789　83884920
网　　址　http://www.cumtp.com　**E-mail**:cumtpvip@cumtp.com
印　　刷　苏州市古得堡数码印刷有限公司
开　　本　787 mm×1092 mm　1/16　**印张** 11　**字数** 281 千字
版次印次　2022 年 12 月第 1 版　2022 年 12 月第 1 次印刷
定　　价　28.00 元
（图书出现印装质量问题，本社负责调换）

前　言

材料是人类社会生活的物质基础，材料的发展导致时代的变迁，推进人类的物质文明和社会进步。人类的历史可以说是材料发展的历史，连续不断地开发和使用材料构筑了当今社会的文明。材料作为现代文明的三大支柱之一，是冶金、机械、化工、土木建筑、信息、能源、航空航天等工业的支撑，是社会发展进步的物质基础和技术先导。

当今世界，科学突飞猛进，知识经济已见端倪，国力竞争日趋激烈。教育应与经济社会发展紧密结合，为现代化建设提供各类人才支持和知识贡献，这是21世纪教育改革和发展的方向。近年来，教育部十分重视对我国高校本科专业的调整和完善，旨在改变以前专业划分过细、学生知识面过窄的局面，因此，对高等学校人才培养有了新的要求和目标。教育应从以往的知识型、职业型、专业型、业务型人才培养模式转向学习型、创新创业型、复合型的人才培养模式。加强基础、拓宽专业面是材料类专业改革的方向。为此，许多高校特别是材料类一流本科院校按照引导性专业目录完善了材料科学与工程专业教学大纲，要求学生了解各类材料和现有材料的分类、特性、应用领域及发展趋势，具有比较全面的材料科学与工程的综合知识。而现有的大部分教材几乎都是针对某一类材料的某一方面编写的，因而迫切需要能够使学生建立起对材料科学与工程整体与全貌认识的高质量导论课程教材。为了适应新的形势，满足教学要求，我们编写了这本《材料科学导论》。它可作为材料科学与工程专业导论课程以及理工、经管等非材料类专业大学通识教育基础课的教材，还可作为从事材料相关领域的科研人员、管理人员以及生产技术人员的参考书籍。

本书共分十一章。其中，第一到第九章由安徽理工大学材料科学与工程学院徐子芳教授编写，第十和第十一章由安徽理工大学材料科学与工程学院王金香副教授、王庆平教授编写。本书着眼于材料科学的基本问题、共性问题，将金属材料、无机非金属材料、高分子材料、复合材料、高性能结构材料、智能材料、材料分析方法紧密结合在一起，使学生在初步把握材料共性的同时了解材料的个性。本书是在原编讲义和多年来教学实践的基础上编写而成的，删减了一些次要内容，个别地方有少量增补。此外，每章均附有思考题。

本书在编写过程中得到多方面的支持和帮助，参考了大量文献资料，从中获益匪浅，在此，谨向所有参考文献的作者表示感谢。鉴于材料科学涉及内容广泛，信息量大，加之新材料的不断涌现，难以收罗殆尽，限于编者水平，书中难免有疏漏之处，希望专家和读者多多批评指正。

编　者

2022 年 6 月

目　录

第一章　材料科学导论概述 …… 1

第一节　材料是人类社会的基石 …… 1

第二节　材料及导论概述 …… 3

第三节　无机材料概述 …… 5

思考题 …… 11

第二章　材料与社会 …… 13

第一节　概述 …… 13

第二节　材料与生态环境 …… 16

思考题 …… 18

第三章　材料科学与工程纲要 …… 19

第一节　概述 …… 19

第二节　材料的基本知识 …… 21

第三节　材料的合成与加工 …… 32

思考题 …… 37

第四章　材料工艺 …… 38

第一节　概述 …… 38

第二节　材料的制备(合成)与成型工艺 …… 41

思考题 …… 44

第五章　金属材料 …… 45

第一节　概述 …… 45

第二节　黑色金属材料 …… 45

第三节　有色金属及其合金 …… 50

思考题 …… 52

第六章　无机非金属材料 …… 53
第一节　硅酸盐水泥 …… 53
第二节　玻璃 …… 69
第三节　陶瓷 …… 77
第四节　耐火材料 …… 80
思考题 …… 87

第七章　高分子材料 …… 89
第一节　概述 …… 89
第二节　高分子材料分类 …… 94
第三节　材料结构与性能 …… 97
思考题 …… 100

第八章　复合材料 …… 102
第一节　概述 …… 102
第二节　复合材料的增强与增韧机理 …… 106
第三节　常用复合材料 …… 108
第四节　复合材料的制备 …… 112
思考题 …… 115

第九章　高性能结构材料 …… 116
第一节　概述 …… 116
第二节　新型金属结构材料 …… 116
思考题 …… 120

第十章　智能材料 …… 121
第一节　概述 …… 121
第二节　形状记忆材料 …… 123
第三节　智能高分子材料 …… 129
第四节　压电材料 …… 131
第五节　光致变色材料 …… 133
第六节　电致变色材料 …… 135
思考题 …… 137

第十一章　材料分析方法 …… 138
第一节　概述 …… 138
第二节　形貌分析 …… 139
第三节　物相结构分析 …… 147
第四节　成分和价键分析 …… 149
第五节　分子结构分析 …… 153
第六节　热分析 …… 157
思考题 …… 163

参考文献 …… 165

第一章 材料科学导论概述

第一节 材料是人类社会的基石

一、材料与人类文明

材料是人类社会进步的里程碑，是社会进步的物质基础，是人类进步的主要标志，是人类文明进程的划分依据。

二、材料发展史

人类文明进化时代是以材料的使用来划分的，从远古的石器时代到铁器时代再到如今的新材料时代，先后经过了七个不同的时代。

1. 石器时代（公元前10万年左右）

① 旧石器时代：人类为了生存、抵御猛兽袭击和猎取食物，开始用石头做工具，如石刀、石铲、石斧、石球等。这时的工具制作粗糙，用途尚未分化。

② 新石器时代：主要标志是出现经过加工的刀口锋利的石器及陶器（黏土成型），人类开始应用砖瓦等建筑材料（石头、土瓦、植物秸秆等），出现了纺织品、丝织品（皮毛、棉花、蚕丝等）。

2. 青铜器时代（公元前3000年左右）

这是人类较大量利用金属的开始。青铜-铜锡合金是最原始的合金，而且添加锡、铅的铜合金熔点低、铸造性能良好，主要用于制作武器、生活用具、生产工具等。世界各地开始青铜器时代的时间各不相同，古希腊在公元前3000年前，古埃及在公元前2500年前，古巴比伦约在公元前1800年，古印度大约在公元前3000年已广泛使用青铜器。古代中国在公元前2700年已经使用青铜器了，到商周进入了鼎盛时期，并将青铜器的冶炼和铸造技术推向了世界顶峰。

3. 铁器时代（公元前2500年左右）

高温下用木炭还原铁矿石生产的铁，具有较高的强度，加工性能良好，可用于制作武器和器件等。中国是较早掌握冶铁技术的国家之一，如用生铁退火而制成韧性铸铁以及生铁炼钢技术的发明，促进了中国生产力的大发展，对战国和秦汉农业、水利和军事的发展起到了很大的推动作用。

4. 水泥时代（公元元年）

早在公元元年左右，古希腊、古罗马人就将石灰和火山灰的混合物用作建筑材料，这是最早应用的“水泥”。今日，水泥已发展成庞大的家族，是建房、修桥、筑路等领域的基础材料，有石材不可替代的优越性。

5. 钢时代(18 世纪末至 19 世纪初)

钢的性能及利用有了飞速发展。常温下具有高强度的蒸汽机的发明让农业经济社会进入了工业经济社会，导致了大规模的机械化生产，引起了第一次工业革命。

6. 硅时代(1950 年)

二极管、三极管的发明标志着人类进入了电子管时代。硅、锗半导体材料的出现，使晶体管取代电子管，进入硅时代。

7. 新材料时代(1990 年)

新材料是指那些正在发展，且具有一般传统材料所不可比拟的优异性能或特定功能、应用前景良好的一类材料。

三、新材料是社会现代化的先导

材料发展是社会现代化的先导，是一个国家科学技术和工业水平的反映和标志。20 世纪 80 年代，以高技术群为代表的新技术革命将新材料、信息技术和生物技术并列为新技术革命的重要标志。21 世纪新材料的作用体现在以下几方面。

1. 信息时代与信息材料

半导体材料、磁性材料、激光材料与光纤材料的出现，加速了现代文明的发展，使人类进入了信息时代。在信息技术领域中，获取并记录相关信息是信息处理的基本前提。传感器作为重要的获取工具是用敏感材料制造的，它利用材料具有不同的物理、化学和生物效应，制成对光、声、电、力、磁、温度、气体等敏感的原件。敏感材料灵敏度和稳定性的提高是制造高可靠性传感器的关键。

信息获取后必须进行记录，在此基础上方能进行信息的传输和处理，这就需要发展容量大、密度高、速度快、成本低的信息存储材料。目前已出现的信息存储材料有磁存储材料、半导体存储材料、光存储材料等。

当信息是以电子作为载体时，其传输媒体是金属导线或金属波导管。而当信息载体是光子时，就必须以新材料光导纤维为媒介。

目前，计算机的进一步发展受到芯片材料的制约，而砷化镓由于具有开关速度快、电子迁移率高和受激发光等特点，正成为未来新一代高速芯片的首选材料。

2. 航空航天技术与新材料

对于各种先进飞机、运载火箭、导弹、卫星的研制成功和投入使用，高性能材料起了关键的作用。高性能主要包括轻质、高强、高模量、高韧、耐高温、耐低温、抗氧化、耐腐蚀等。有资料显示，飞机性能的提高，材料的贡献所占比例达 2/3 左右。对飞机、运载火箭、导弹、卫星等来说，减轻结构质量对提高飞行器的安全性、增加有效载荷和续航距离、降低燃料消耗和成本具有重要作用，飞行速度越高，减重意义越大。

20 世纪，高温叶片的研制和发展也是材料科学工程的重要成就之一，高温合金在先进航空发动机中占材料一半以上，随着材料性能的不断改进，发动机性能也在不断提高。

3. 核技术与核材料

20 世纪最惊人的科技成就之一就是人类实现了原子核内部巨大能量的释放，原子弹和氢弹的成功爆炸正是这一成就的体现。

20 世纪 50 年代以来，人类开始利用核能源，以我国大亚湾核电站为例，它的核心是燃料棒和燃料组件，这些组件都是由锆合金制成的，以满足苛刻的工作环境条件和应用要求。至今，世界各核大国还在研制新型的锆合金。

核材料除用于制造核武器外，也用于造福人类，如各种同位素的应用、核医学等。

四、新材料是社会可持续发展的保证

1987 年，世界环境与发展委员会（WCED）主席、挪威首相布伦特兰夫人发表了著名的《我们共同的未来》报告，其中对可持续发展的经典表述为："可持续发展是既满足当代人的需要，又不损害后代人满足其需要的能力的发展。"具体来说，就是节省资源、清洁生产、提高能源利用率及开发新能源与再生资源、改善生态环境、减少污染及降低温室效应、提高人口素质等。

新材料的发展正是适应了这一需求，它在现代社会各个领域的应用将极大地改变传统的经济增长方式和发展模式，成为可持续发展的重要保证。

第二节　材料及导论概述

一、材料的定义

1. 材料的通俗定义

材料是人类用于制造物品、器件、构件、机器以及其他产品的物质。

2. 材料的专业定义

① *Longman Dictionary*（《朗文词典》）：anything from which something is or may be made.（制造或可能制造某物的任何东西。）

② *Oxford Advanced Leamer's English-Chinese Dictionary*（《牛津高阶英汉双解词典》）：that of which something is can be made or which something is done.（可以做某事或做某事的东西。）

③《辞海》：可直接制为成品的东西。

在加工工业中，一般把来自采掘工业和农业的劳动对象称为原料，把经过工业加工的原料（如钢铁、水泥）称为材料，将材料和原料合称为原材料。因此，可以认为：原料是经过人类劳动而取得的劳动对象，而材料是经过二次加工的原料。

二、导论的定义

导论也称作引论，是论著正文前概要论述全文或全书的中心思想、创作思路、背景和创作方向的简单概括叙述，以指导帮助读者阅读理解的部分。"导"：① 指引；带领：导游、导航、领导、因势利导。② 启发使明白：开导、导师、教导。③ 引起，传递：导火线、导致、导电、半导体。④ 导演：导戏、执导。"论"：① 分析判断事物的道理。② 分析阐明事物道理的文章、理论和言论。③ 也有总结归纳之意。关于学科的导论是指用较为概括的语言来论述这一学科基本的和整体的思想，从而使读者对该学科有较为系统的把握。

导论就是将涉及内容很广的学科做概括性介绍，一般不会有非常深入的分析，但对历史和未来都有精简扼要的介绍，使读者对这门学科有一个概括性的了解。

三、材料的分类

1. 按化学成分、生产过程、结构及性能特点分类

① 金属材料：以金属元素为基础的材料，具有优良的力学性能，特别是高强度、高韧性和优良的可加工性，如铁及铁合金、非铁金属及其合金。

② 无机非金属材料：是人类最先应用的材料，是以某些元素的氧化物、碳化物、氢化物、卤化物以及硅酸盐、铝酸盐、磷酸盐、硼酸盐等物质组成的材料，如宝石、陶瓷、水泥、玻璃等。无机非金属材料一般耐高温，抗腐蚀，拥有高硬度以及具有优良的介电、光学、电磁性能及功能转换特性等。

③ 高分子材料：主要指以高分子化合物为基础制得的材料，是由一种或几种分子或分子团(结构单元或单体)以共价键结合成具有多个重复单元的大分子材料。高分子材料种类多、密度小、比强度大、电绝缘性及耐腐蚀性好、加工容易、符合多种及特种用途的要求。

④ 复合材料：是由两种或两种以上物理和化学性质不同的物质组合而成的一种多相固体材料，一般由基体组分和增强体组分(功能组分)所组成。

a. 按基体可分为金属基、高分子基、无机非金属基复合材料。

b. 按用途可分为结构复合材料和功能复合材料。

2. 按使用性能分类

① 结构材料：是以力学性能为基础，用于制造受力构件的材料。具有抵抗外场作用而保持自己形状和结构不变的优良力学性能。

② 功能材料：是利用物质的特殊物理、化学性能或生物功能等而形成的一类材料。具有优良的电学、磁学、光学、热学、声学、化学和生物学功能及相互转化的功能。

3. 按结构分类

晶态材料、非晶态材料、准晶态材料。

4. 按物理性质分类

① 导电材料、半导体材料、绝缘材料、高温材料。

② 高强度材料、磁性材料、超导材料、透光材料。

5. 按效应分类

① 光电材料、压电材料、激光材料、热电材料。

② 声光材料、智能材料、磁光材料、非线性光学材料。

6. 按用途分类

① 信息材料、航空航天材料、能源材料、生物材料。

② 建筑材料、核材料、包装材料。

7. 按材料尺寸及形态分类

零维材料、一维材料、二维材料(薄膜)、三维材料(块状材料)。

第三节　无机材料概述

一、传统无机材料

传统无机材料主要是指由 SiO_2 及硅酸盐化合物为主要成分制成的材料，包括陶瓷、玻璃、水泥和耐火材料等。此外，搪瓷、磨料、铸石（辉绿岩、玄武岩等）、碳素材料、非金属矿（石棉、云母、大理石等）也属于传统的无机材料。

1. 陶瓷

陶瓷按其概念和用途不同，可分为两大类：普通陶瓷和特种陶瓷。根据陶瓷坯体结构及基本物理性能的差异，陶瓷制品又可分为陶器和瓷器。

普通陶瓷：即传统陶瓷，指以黏土为主要原料与其他天然矿物原料经过粉碎、混炼、成型、煅烧等过程而制成的各种制品，包括日用陶瓷、卫生陶瓷、建筑陶瓷、化工陶瓷、电瓷以及其他工业用陶瓷。普通陶瓷的分类见表 1-1。中国日常用瓷分类标准见表 1-2。

表 1-1　普通陶瓷的分类

类别	主要种类	用途
日用陶瓷	餐具	中餐具（盘、碗、碟、羹、壶、杯等）
		西餐具（碗、盘、碟、糖缸、奶盅、壶、杯等）
	茶具、咖啡具	茶盘、水果盘、点心盘、杯、壶、碟等
	酒具	酒壶、酒杯、杯托、托盘
	文具	笔筒、笔洗、笔架
	陈设瓷（美术瓷）	花瓶、灯具、雕塑瓶、薄胎碗等
建筑卫生陶瓷	建筑陶瓷	玻化砖（渗花或非渗花）、彩釉砖、锦砖（马赛克）、内墙砖、外墙砖、腰线砖、广场砖、劈裂砖、园林陶瓷等
	卫生洁具	洗面器、大便器、小便器、洗涤器、水箱、水槽、存水弯、肥皂盒、手纸盒、淋浴盒
电瓷	低压电瓷	用于 1 kV 以下的电瓷
	高压电瓷	用于 1 kV 以上的电瓷，如普通高压瓷、铝质高强度瓷
	超高压电瓷	用于 500 kV 以上的电瓷
化工瓷	耐酸砖	耐酸砖、耐酸耐温砖
	耐酸容器	储酸缸、酸洗槽、电解槽、耐酸塔等
	耐酸机械（部件）	耐酸离心泵、风机、球磨机等
	化学瓷	瓷坩埚、蒸发皿、研钵、漏斗、过滤板、燃烧舟等

表 1-2 中国日用瓷分类标准

类别		吸水率/%	性质及特征
陶器	粗陶器	>15	不施釉，制作粗糙
	普通陶器	≤15	断面颗粒较粗，气孔较大，表面施釉，制作不够精细
	细陶器	≤12	断面颗粒较细，气孔较小，施釉或不施釉，制作不够精细
瓷器	炻瓷器	≤3	透光性差，通常胎体较厚，断口呈石状，制作精细
	普通瓷器	≤1	有一定透光性，断面呈石状或贝壳状，制作精细
	细瓷器	≤0.5	透光性好，断面细腻，呈贝壳状，制作精细

相比于瓷器，陶器的坯体结构较疏松，致密度较低，有一定的吸水率，断口粗糙无光，没有半透明性，断面呈贝壳状。

2. 玻璃

玻璃是由熔体过冷所制得的非晶态材料。根据其形成网络的组分不同可分为硅酸盐玻璃、硼酸盐玻璃、磷酸盐玻璃等，其网络形成体分为 SiO_2、B_2O_3 和 P_2O_5。习惯上玻璃态材料可分为普通玻璃和特种玻璃两大类。普通玻璃是指采用天然原料，能够大规模生产的玻璃。普通玻璃包括日用玻璃、建筑玻璃、微晶玻璃、光学玻璃和玻璃纤维等。

3. 水泥

水泥是加入适量水后可成塑性浆体，既能在空气中硬化，又能在水中硬化，并能够将砂、石等材料牢固地胶结在一起的细粉状水硬性材料。水泥的种类很多，按其用途和性能可分为通用水泥、专用水泥和特性水泥三大类；按其所含的主要水硬性矿物，水泥又可分为硅酸盐水泥、铝酸盐水泥、硫铝酸盐水泥、氟铝酸盐水泥以及以工业废渣和地方材料为主要组分的水泥。

① 通用水泥：为大量土木工程所使用的一般用途的水泥，如硅酸盐水泥、普通硅酸盐水泥、矿渣硅酸盐水泥、火山灰质硅酸盐水泥、粉煤灰硅酸盐水泥和复合硅酸盐水泥等。

② 专用水泥：指有专门用途的水泥，如油井水泥、砌筑水泥等。

③ 特种水泥：是某种性能较突出的一类水泥，如快硬硅酸盐水泥、抗硫酸盐硅酸盐水泥、中热硅酸盐水泥、膨胀硫铝酸盐水泥、自应力铝酸盐水泥等。

4. 耐火材料

耐火材料指专门为高温技术服务的耐火度不低于 1 580 ℃的无机非金属材料，是用于高温窑炉等热工设备的结构材料，以及用于工业高温容器和部件的材料，并能承受相应的物理化学变化及机械作用。大部分耐火材料以天然矿石(如耐火黏土、硅石、菱镁矿、白云石等)为原料制造。采用工业原料和人工合成原料(如工业氧化铝、碳化硅、合成莫来石、合成尖晶石等)制备耐火材料也日益增多。

按矿物组成可分为氧化硅质、硅酸铝质、镁质、白云石质、橄榄石质、尖晶石质、含碳质、含锆质耐火材料及特殊耐火材料。

二、新型无机材料

新型无机材料是用氧化物、氮化物、碳化物、硼化物、硫化物、硅化物以及各种无机非金属化合物经特殊的先进工艺制成的具有优异性能和特殊功能的材料，主要包括特种陶瓷、特种玻璃、人工晶体、半导体材料、无机涂层(薄膜材料)、无机纤维、介孔材料等。

1. 特种陶瓷

特种陶瓷亦称为新型陶瓷，是指以精制的高纯天然无机物或人工合成的无机化合物为原料，采用精密控制的制造加工工艺烧结，主要用于各种现代工业及尖端科学技术领域的高性能陶瓷，包括结构陶瓷和功能陶瓷。

① 结构陶瓷：是具有优良的力学性能(高强度、高硬度、耐磨损)、热学性能(抗热冲击、抗蠕变)和化学性能(抗氧化、抗腐蚀)的陶瓷材料，主要应用于高强度、高硬度、高刚性的切削刀具和要求耐高温、耐腐蚀、耐磨损、耐热冲击等的结构部件，包括氮化硅系统、碳化硅系统、氧化锆系统、氧化铝系统的高温结构陶瓷等。

② 功能陶瓷：是利用其电、磁、声、光、热等直接效应和耦合效应所提供的一种或多种性质来实现某种使用功能的陶瓷材料，主要包括装置瓷(即电绝缘瓷)、电容器陶瓷、压电陶瓷、磁性陶瓷(又称为铁氧体)、导电陶瓷、超导陶瓷、半导体陶瓷(又称为敏感陶瓷)、热学功能陶瓷(热释电陶瓷、导热陶瓷、低膨胀陶瓷、红外辐射陶瓷等)、化学功能陶瓷(多孔陶瓷载体等)、生物功能陶瓷等。

2. 特种玻璃

特种玻璃亦称为非晶态材料，是指采用精制、高纯或新型原料，通过新工艺在特殊条件下或严格控制形成过程制成的一些具有特殊功能或特殊用途的玻璃。特种玻璃包括 SiO_2 含量在 85%以上或 55%以下的硅酸盐玻璃、非硅酸盐氧化物玻璃(硼酸盐、磷酸盐、锗酸盐、碲酸盐、铝酸盐及氧氮玻璃、氧碳玻璃等)、非氧化物玻璃(卤化物、氮化物、硫化物、硫卤化物、金属玻璃等)以及光学纤维等。根据用途不同，特种玻璃可分为防辐射玻璃、激光玻璃、生物玻璃、多孔玻璃、非线性光学玻璃和光纤玻璃等。

3. 人工晶体

人工晶体指采用精密控制的人工方法合成和生长的具有多种独特物理性能的无机功能单晶材料，主要用于实现电、光、声、热、磁、力等不同能量形式的交互作用的转换。按化学分类可分为无机晶体和有机晶体(包括有机-无机复合晶体)。按生长方法分类可分为水溶性晶体和高温晶体等。按形态(或维度)分类可分为块体晶体、薄膜晶体、超薄层晶体和纤维晶体等。按其物理性质(功能)分类可分为半导体晶体、激光晶体、非线性光学晶体、光折变晶体、电光晶体、磁光晶体、声光晶体、闪烁晶体等。

4. 半导体材料

半导体材料是指其电阻率介于导体和绝缘体之间，数值一般在 $10^4 \sim 10^{10}\ \Omega \cdot cm$ 范围内，并对外界因素如电场、磁场、光、温度、压力及周围环境气氛非常敏感的材料。半导体材料按成分可分为由同一种元素组成的元素半导体和由两种或两种以上元素组成的化合物半导体。按结构可分为单晶态、多晶态和非晶态。按物质类别可分为无机材料和有机材料。按其形态可分为块体材料和薄膜材料。多数材料在通常状态下就呈半导体性质，但有些材料需在特定条件下才表现出半导体性能。

5. 薄膜材料

薄膜材料也称无机涂层，是相对于块体材料而言的，指采用特殊的方法在块体材料的表面沉积或制备的一层性质与块体材料性质完全不同的物质层，从而具有特殊的材料性能或性能组合。

6. 无机纤维

无机纤维是长径比非常大、有足够高的强度和柔韧性的长形固体。纤维不仅能作为材料使用，而且还可作为原料和辅助材料，用来制作纤维增强复合材料。根据化学键特征，纤维可分为无机、有机、金属三大类。无机纤维按材料来源可分为天然矿物纤维和人造纤维。按化学组成可分为单质纤维（如碳纤维、硼纤维等）、硬质纤维（如碳化硅纤维、氮化硅纤维等）、氧化物纤维（如石英纤维、氧化铝纤维、氧化锆纤维等）、硅酸盐纤维（如玻璃纤维、陶瓷纤维和矿物纤维等）。按晶体结构可分为晶须（根截面直径一般为 1～20 μm，长约几厘米的发形或针状单晶体）、单晶纤维和多晶纤维。按应用可分为普通纤维、光导纤维、增强纤维等，现在玻璃光导纤维和先进复合材料用无机增强纤维也已在现代高科技领域发挥着重要作用。

7. 多孔材料

多孔材料指具有很高孔隙率和很大比表面积的一类材料。

多孔材料的分类：＜2 nm 的为微孔材料；2～50 nm 的为介孔材料；＞50 nm 的为大孔材料。有时也将＜0.7 nm 的微孔称为超微孔材料。

多孔材料密度小、孔隙率高、比表面积大，对气体有选择性透过作用。由于具有较大的吸附容量和许多特殊的性能，因而在吸附、分离、催化等领域得到广泛的应用。近年来，微观有序多孔材料以其种种特异的性能引起了人们的高度重视。

三、无机材料特性

在晶体结构上，无机材料质点间结合力主要为离子键、共价键或离子-共价混合键，具有高键能、高键强、大极性的特点，因此有着高熔点、高强度、耐磨损、高硬度、耐腐蚀和抗氧化的基本属性，同时具有宽广的导电性、导热性和透光性以及良好的铁电性、铁磁性、压电性甚至高温超导性。

① 在化学组成上，随着新型无机材料的发展，已不局限于硅酸盐，还包括其他含氧酸盐、氧化物、氮化物、碳与碳化物、硼化物、氟化物、硫系化合物、硅、锗、Ⅲ-Ⅴ族及Ⅱ-Ⅵ族化合物等。在形态上和显微结构上，也日益趋于多样化，薄膜（二维）、纤维（一维）、纳米（零维）材料，多孔材料，单晶和非晶材料占有越来越重要的地位。

② 在合成与制备上，为了取得优良的材料性能，普遍要求高纯度、高细度的原料并在化学组成、添加物的数量和分布、晶体结构和材料微观结构上能精确加以控制。

③ 在应用领域上，已成为传统工业技术改造和现代高新技术、新兴产业以及发展现代国防和生物医学所不可缺少的重要组成部分，且广泛应用于化工、冶金、信息、通信、能源、环境、生物、空间、军事、国防等各个方面。

四、无机材料学科内涵

无机材料科学与工程是一门研究无机材料合成与制备、组成与结构、性能与使用效能之间相互关系与制约规律的学科。

科学方面偏重于研究无机材料的合成与制备、组成与结构、性能及使用效能各组元本身及其相互间关系的规律。

工程方面着重于研究如何利用这些规律性的研究成果以新的或更有效的方式开发并生

产出材料，提高其使用效能，满足社会需要，同时还包括材料制备与表征所需的仪器、设备的设计与制造。在无机材料学科发展中，科学与工程彼此密切结合，构成一个学科整体。

五、无机非金属材料

1. 无机非金属材料的定义

无机非金属材料是一种或多种金属元素同一种非金属元素（如 O、C、N 等，通常为 O）的化合物，主要为金属氧化物和金属非氧化合物，不含 C—H—O 链。其中尺寸较大的氧原子为主体、尺寸较小的金属原子（或半金属原子如 Si 等）处于氧原子之间的空隙中。氧原子同金属原子化合时形成很强的离子键，同时也存在一定成分的共价键，但离子键是主要的，如 MgO 晶体中离子键占 84%、共价键占 16%，也有一些特殊陶瓷以共价键为主，如 SiC。无机非金属材料是人类应用最早的材料之一，也是用量最大、用途最为广泛的一类材料。它脆性大，但坚硬、稳定，一般都有良好的绝缘、绝热性能，可以制造各种工具、用具，可以用作结构材料，是工程结构体中应用最广的一类材料，在现代高新技术领域中也是重要的功能材料，陶瓷、玻璃、水泥、耐火材料等都是无机非金属材料家族的重要成员。

无机非金属材料也是某些元素的氧化物、碳化物、氮化物、硼化物、硫系化合物和硅酸盐、钛酸盐、铝酸盐、磷酸盐等含氧酸盐为主要组成的无机材料，是除有机高分子材料和金属材料以外的所有材料的统称。金属材料和有机高分子材料以外的固体材料通称为无机非金属材料。无机非金属材料是 20 世纪 40 年代以后，随着现代科学技术的发展从传统的硅酸盐材料演变而来的。无机非金属材料是与有机高分子材料和金属材料并列的三大材料之一。

无机非金属材料熔点高、硬度高、化学稳定性好、耐高温、耐腐蚀、耐磨损、耐氧化、弹性模量大、强度高，一般为脆性材料。在晶体结构上，无机非金属材料的元素结合力主要为离子键、共价键或离子-共价混合键。这些化学键所特有的高键能、高键强赋予这一大类材料以高熔点、高硬度、耐腐蚀、耐磨损、高强度和良好的抗氧化性等基本属性以及导电性、隔热性、透光性及良好的铁电性、铁磁性和压电性。

2. 无机非金属材料的分类

无机非金属材料包括传统无机非金属材料（如水泥、玻璃、陶瓷等）和新型无机非金属材料（如光导纤维、新型陶瓷、新型玻璃等）。

传统无机非金属材料一般是指以天然的硅酸盐矿物（如黏土、石英、长石等）为主要原料，经高温窑炉烧制而成的一大类材料，如水泥、玻璃、陶瓷和耐火材料等，这类材料具有非常悠久的历史。

新型无机非金属材料是指 20 世纪中期以后发展起来的，具有特殊性能和用途的材料。应用于高性能领域，在组成上已不局限于硅酸盐，还包括其他含氧酸盐、氧化物、氮化物、碳与碳化物、硼化物、氟化物、硫系化合物、硅、锗、Ⅲ-Ⅴ族及Ⅱ-Ⅵ族化合物等，其形态和形状也趋于多样化，如结构陶瓷、复合材料、功能陶瓷、半导体、新型玻璃、非晶态材料和人工晶体等。这些新材料的出现说明了无机非金属材料科学与工程学科近几十年来的重大成就，它们的应用极大地推动了科学技术的进步，促进了人类社会的发展。它们是现代新技术、新兴产业和传统工业技术改造的物质基础，也是发展现代国防和生物医学所不可缺少的。

3. 无机非金属材料的特性

（1）传统无机非金属材料的特性

传统无机非金属材料抗腐蚀、耐高温,但质脆、经不起热冲击。传统无机非金属材料与现在所用的许多金属材料相比,有许多独特的优势,这使得很多行业的科学家都对它情有独钟,然而它的弱点又使它的应用范围受到了一定的限制。为此,科学家们进行深入的研究和探索,并进行了反复的实验,随之而来的便是多种多样具有特殊性能的新型无机非金属材料的问世。

(2) 新型无机非金属材料的特性

新型无机非金属材料耐高温、强度高,具有电学特性、光学特性、生物特性。

4. 无机非金属材料的发展简史

无机非金属材料的发展简史也体现了人类文明发展史:从石器时代到燧石取火,到能够制备水泥、陶瓷、玻璃等这些传统材料,发展到制备二氧化硅、光导纤维、单晶硅、集成电路等新型信息材料。20 世纪中期以后,微电子、航天、能源、计算机、激光、通信、光电子、传感、红外、生物医学和环境保护等新技术的兴起,对材料提出了越来越高的要求,促进了性能更为优良及有特殊功能的新型陶瓷、玻璃、耐火材料、水泥、涂层、磨料等制品的飞速发展。它们在化学组成上远远超出了硅酸盐化合物的范围,而是扩展到了其他氧化物、氮化物、硼化物、碳化物、硫系化合物和铁酸盐、铝酸盐、磷酸盐等。

5. 无机非金属材料的地位和作用

① 无机非金属材料是国家建设和人民生活中不可缺少的重要物质基础。

② 无机非金属材料是科学技术的物质基础,是现代技术的发展支柱。

③ 无机非金属材料是建立与发展新技术产业、改造传统工业、节约资源、节约能源和发展新能源及提高我国国际竞争力所不可缺少的物质条件。

④ 无机非金属材料工业在国民经济中占有重要的先行地位,具有超前特性,其发展速度通常高于国民经济总的发展速度。可以说,无机非金属材料工业是整个国民经济兴衰的“晴雨表”,与人类的文明生活和国民经济的发展息息相关。

六、无机非金属材料的原料及制备

无机非金属材料使用的原料有天然矿物原料与人工合成原料。人工合成原料是通过各种物理化学方法制备的无机粉末,其化学成分、纯度和其他性能都可以通过人工设计以满足各种特殊无机材料的工艺与使用要求。原料性能对无机材料制备工艺的确定和其优异性能的获得起决定性作用。

1. 粉体材料的基本参数与表征

粉体是大量固体粒子的集合体,表示物质的一种存在状态,它既不同于气体、液体,也不完全同于固体。

粉体材料表征的参数有化学特征参数、晶体学特征参数、形态学特征参数、堆积特征参数。

① 化学特征参数:粉末的化学计量和杂质含量。原材料的化学组成直接影响材料的性能,杂质对无机材料的制备工艺过程、性能的影响有利有弊,应综合考虑。作为矿化剂(或烧结助剂)形成玻璃相,可降低烧结温度,与主成分相形成固溶体,改善工艺制备性能和材料性能。原料等级还应考虑成本因素,在配料时不同原料用量不一样,引进杂质量也不一样。用量小的原料,可以考虑较低的纯度。

② 晶体学特征参数:晶相、非反应相与第二相。影响材料的显微结构和烧结过程,以夹

杂物形式存在的杂质引起应力集中，造成材料的开裂和强度降低。

③ 形态学特征参数：颗粒的团聚程度、尺寸和分布、颗粒的形状、比表面积。无机材料粉体颗粒是指在物质结构不改变的情况下，分散或细化得到的基本固体颗粒，一般指没有堆积、团聚等结构的最小单元，即一次颗粒。由完整单晶物质构成的一次颗粒少见。超细原料粉末因表面活性大，易发生自发团聚。实际应用的粉末原料存在一定程度的团聚，这种团聚了的颗粒即为二次净颗粒。

④ 堆积特征参数：堆积性、流动性、热效应的表征。粉末的形态学和堆积学特性通过成型性能和烧结性能而影响材料的显微结构和性能。

2. 天然矿物原料

天然矿物原料包括天然产出的岩石和矿物。岩石是矿物的集合体，由多种矿物以一定的规律组合而成。矿物原料是指自然化合物或自然元素，是地壳中经过各种物理化学作用的产物，具有均质化学组成，呈晶体状态存在。

3. 水泥工业所用原料

水泥工业所用原料有石灰质原料、黏土质原料以及铁质（铝质或硅质）校正原料。钙质原料和黏土质原料是制造硅酸盐水泥的主要原料，但是黏土质原料通常含氧化铝较高、氧化铁不足。因此，大部分的水泥厂需使用氧化铁含量大于40%的铁质校正原料，如硫铁矿渣、铜矿渣、铅矿渣等。

4. 耐火材料的原料

① 硅酸铝及刚玉质耐火材料：以 Al_2O_3 和 SiO_2 为基本化学组成，原料有黏土、硅质黏土、高岭土尾矿、高铝矾土、红柱石、蓝晶石、工业氧化铝、莫来石等。

② 硅质耐火材料：以 SiO_2 为基本化学组成，采用的原料有胶结硅石、脉石英、结晶硅石。尖晶石耐火材料：铬矿、镁砂、矾土、氧化铝。

③ 含锆耐火材料：锆英石、斜锆石、氧化铝。

④ 含碳耐火材料：石墨、无烟煤、焦炭、煤沥青、煤焦油。

思　考　题

一、名词解释

1. 结构材料。
2. 功能材料。
3. 非晶态材料。

二、填空题

1. 玻璃是：________。
2. 纤维中强度和刚度最高的是：________。
3. 多孔材料中一般认为小于________为微孔。
4. 多孔材料中一般认为________为介孔。
5. 多孔材料中一般认为大于________为大孔。

三、简答题

1. 请列举传统无机材料的种类。(要求不少于 4 种)
2. 你所知道的新型无机材料有哪些?
3. 请列举无机材料常见热学性能。
4. 请列举无机材料常见电学性能。

第二章　材料与社会

第一节　概　　述

一、人类生活中的材料

我们的周围到处都是材料。材料是我们衣食住行的必备条件，是人类一切生活和生产活动的物质基础。人类文明史中的石器时代、铜器时代、铁器时代就是按当时生产活动中所使用的代表性材料作为划分依据的。材料与食物、居住空间、能源和信息共同组成人类生活的基本资源，不仅在我们的日常生活中，而且对国家的繁荣和安全也起着举足轻重的作用。

材料是用来制造各种产品的物质，这些物质能用来生产和构成功能更多、更强大的产品。从广泛的意义上说，人类使用的材料可以看作一个流动着的巨大循环体系，一个全球性的、时空无限的循环系统。因此，材料循环是一个把自然资源和人类需要联系在一起的循环系统，不仅把地球上各个国家和各种经济彼此联系在一起，而且还把它们与自然物质本身联系在一起。

二、材料的应用和发展过程

人类最早制造和使用的劳动工具是石器。在原始社会末期，我们的祖先开始用火烧制陶；3 000 多年前的商、周时期发明了釉陶；东汉时期出现了瓷器；夏朝以前就开始了青铜的冶炼；春秋战国时期开始大量使用铸造铁器。18 世纪后，工业的迅速发展，对材料特别是钢铁的需求急剧增长，在物理学、化学、材料力学等学科的基础上，金属学应运而生。近 100 多年来，由于显微镜、X 射线技术、电子显微镜等新仪器和新技术的相继出现及发展，金属学得到了长足的进步。

高分子材料的早期发展较为缓慢。人类最初使用的高分子材料是天然的木材、皮革和纤维。后来发明了造纸、养蚕、制胶技术。19 世纪开始生产橡胶，直到 20 世纪后才有了快速的发展。

最近 20 多年来，金属与非金属、有机材料与无机材料相互渗透、相互结合，组成了一个完整的材料体系。人们已经有能力按照预定成分、结构、性能设计和制造材料，使人类进入了人工合成材料的新时代。

三、材料科学在科学技术发展中的作用

近代科学技术和工业生产的发展非常迅速。人类从乘马车到乘航天飞船，从油灯照明到原子能的发电，从使用大刀长矛到发射导弹，都只不过经历了百年的时间。科学技术能以

这么惊人的速度发生巨大的变化，首先归功于材料的丰功伟绩。没有钢铁，再高明的技术工人也造不出汽车、拖拉机；没有高强度、耐高温的材料，再聪明的科学家也不能把卫星送上天；没有耐腐蚀、耐高压的材料，再勇敢的探险者也不能开发富饶的海洋资源。在科学技术史上，材料问题解决与否往往成为发明创造成功与否的关键。新材料一旦应用，不仅可以大大促进科学技术与工业生产的发展，也使人类的活动方式发生日新月异的变化，而且给人们带来空前优厚的物质利益和精神上的享受，把千百年来梦寐以求的神话变成了现实。

四、现代科技对新材料的要求

所谓新材料，是指新近发展起来的和正在开发中的、具有一系列优异性能和特殊功能的且对科学技术尤其对高新技术的发展及新兴产业的形成具有决定性意义的一些新材料。

（一）开发新材料的意义

新材料开发和进展是以科学技术进步和社会发展需要为背景的，具体有以下两个方面。

1. 在科技发展和社会需要方面

包括生产条件变化对新材料的需要；电子信息技术和激光技术的发展对各种新型功能材料的需要；为代替昂贵、稀缺材料而对合成材料或复合材料的需要；来自传统产品升级换代的需要；节约能源和开发新能源的需要；来自宇宙空间和海洋开发等新活动领域开拓的需要。

2. 在相关技术发展、推动材料学科进步方面

由于分子物理学、固体物理学和结晶学等基础学科的进步，材料的物性研究得以开展，发现了材料的新性能、新用途。一方面，源于相关技术的进步，如超微量成分调整、超微细加工技术和材料加工技术得到发展以及超高压、超真空、极低温、无重力等新环境条件的创立和利用，如太空合成、酶催化反应等。另一方面，源于材料物性数据的积累、检测技术的进步、数据处理技术的发展、材料试验和评价技术得以提高。这些条件均促进了新材料的开发。

（二）新材料发展的特点及存在的问题

新材料发展的特点：产量小、附加价值高、对社会和科技进步影响大，所以在各类新材料之前常冠有精细的字样，如精细陶瓷、精细高分子。其特点为知识密集型，需要投入大量资金和时间，技术上属未完成型，品种多、产量小。新材料的开发将主宰着一系列重要工程技术成就的取得，同时对现有的材料进行深入研究，不断提高质量、增加品种、降低成本也具有很大的实际意义。这一切必将促使材料科学与工程这门学科的迅速发展。

五、材料的地位和作用

（一）材料与新技术革命

材料是高新技术发展与社会现代化的基础和先导。材料既是人类社会进步的里程碑，又是社会现代化的物质基础。新材料的研究、开发与应用从根本上反映着一个国家的科学技术与工业水平。

1. 电子技术的发展

新材料的研发对电子工业的发展无疑起到了决定性作用，如电子管、晶体管、集成电路的出现。

2. 光通信的产生和发展

信息材料指用于信息的探测、传输、显示、运算和处理的光电信息材料，主要包括监测和传感(获取)信息的材料、传输信息的材料、存储信息的材料、运算和处理信息的材料。人类在步入信息时代的同时，也进入了信息材料竞争的时代。光导纤维、激光技术和电子技术的发展是促进通信技术进步的重要因素，而这些都与材料密切相关。正是由于新材料的发展，20 世纪 90 年代初期人们提出的“信息高速公路”的设想今天已成为现实。

3. 磁技术的广泛应用

磁性材料在现代化社会中应用十分广泛，电视机、计算机、电动机等都离不开各种磁性材料。

4. 超导技术的开发

自 1911 年发现超导现象以后，到 20 世纪 80 年代超导材料所达到的最高临界温度仅有 23.2 K。1986 年，人们发现了氧化物超导体，超导材料才有了重大突破，此后超导温度跳跃式地升高到 95～100 K，已达到液氮温区。超导技术的引入将会使许多方面发生飞跃式发展。

5. 航空航天技术的进步

航空航天材料主要包括新型金属材料(如先进铝合金、超高强度钢、高温合金、高熔点合金等)、烧蚀防热材料和新型复合材料。此外，还包括一些功能材料，如涂层材料、隔热材料、透明材料、阻尼材料、密封材料、润滑材料、黏合剂材料等。这些材料大部分属于高分子材料和陶瓷材料，也有少量是阻尼合金等金属材料。

1986 年，《科学的美国人》杂志指出：先进材料对未来的宇航、电子设备、汽车以及其他工业的发展是必要的，材料科学的进展决定了经济关键部门增长速度的极限范围。自工业革命后，人类社会的进步主要是材料推动的结果！

(二) 材料四次技术革命

第一次技术革命：18 世纪后期，以蒸汽机的发明及广泛应用为主要标志，用高炉、转炉、平炉制造优质钢材实现工业化。

第二次技术革命：19 世纪末，以电的发明和广泛应用为标志，远距离输送电材料以及通信、照明用材料发展。

第三次技术革命：20 世纪中期，以原子能应用为主要标志，合成材料、半导体材料等大规模工业化、民用化。

第四次技术革命：20 世纪 70 年代，以计算机特别是微电子、生物工程和空间技术为主要标志，相关的新型结构与功能材料大量出现。

以电子工程、空间技术、海洋工程、能源工程、生物工程为代表的第四次新技术革命浪潮同样离不开新材料。电子信息技术需要高性能电子材料、光电子材料、非线性光学材料、波导纤维和薄膜材料等功能材料。能源工程技术离不开耐高温、耐磨损、耐腐蚀、高可靠性以及寿命可预测的结构材料。先进的航天飞行器离不开耐高温、耐低温、耐辐射、耐腐蚀、耐烧蚀的轻质高强结构材料，新能源的开发离不开实现能源转换的各种功能材料。各种材料的制备、加工和应用无一例外地都需要依赖适当的手段实现。可见，新材料的开发与应用，对人类社会文明与经济发展有着不可估量的作用。

（三）新材料的优先发展领域

美国商业部公布的资料表明，2000 年，先进材料在美国 12 项新兴技术中的产值居于首位，即在 3 560 亿美元中，先进材料占 1 500 亿美元，占 42%。从全世界来看，先进材料产值为 4 000 亿美元，占整个新兴技术产值 100 000 亿美元的 40%。

1981 年，日本政府选择了新材料、新装置和生物技术为优先发展的三个领域，并宣称将开发、加工和制造先进材料作为保持技术领先地位的国家战略的基石。在日本的未来工业规划的基础技术中，11 个主要项目中有 7 个项目是基于材料之上的。

（四）中国政府同样高度重视新材料的研发和应用

1986 年，我国提出了“高技术研究发展计划”（863 计划），即把新材料技术、生物技术、信息技术、激光技术、航天技术、自动化技术、新能源技术、海洋技术等八大高科技技术作为重点发展的领域。

1997 年，我国又制订了“国家重点基础研究发展计划”（973 计划），同样把新材料的研发放在突出位置。在各级各类的科技计划中，新材料都是重点支持的领域。材料是人类生存、社会发展、科技进步的物质基础，也是现代科技发展的先导。

第二节　材料与生态环境

一、新材料与可持续发展

新材料是实现人类社会可持续发展的重要保证。现在，可持续发展的思想成为一种新的社会经济发展思想和发展战略被各国政府和人民所广泛接受。

经济的可持续发展要求人们及时对科学研究的价值和技术发展的方向进行评价和调整，而新材料的发展正是适应了可持续发展这一需求，它在现代社会各领域的应用将极大地改变传统的经济增长方式和发展模式，成为可持续发展的重要保证。

① 新材料在相关产业部门的使用，大大降低了这些部门的生产成本，提高了劳动生产率和产品的质量与竞争力，对经济发展起着不可估量的作用。

② 新材料在社会生产各领域中的广泛应用还大大节省了地球上十分有限的不可再生资源，延缓了其衰竭速度，降低了生产中的能量消耗，最大限度地减少了环境的污染，维护了生态平衡。

③ 为了解决金属资源的枯竭问题，人们发展了各种高分子材料、复合材料和先进陶瓷材料，它们中的许多材料如玻璃钢、纤维增强塑料、氮化硅陶瓷，其强度、耐高温和耐腐蚀性能已远远超过金属材料，成为飞机、火车、桥梁、发动机的关键部件用材。

④ 为了减少矿物燃料燃烧时造成的环境污染和温室效应，人们将目光转向清洁、高热值的新能源载体氢。为此，人们开发了镁系、稀土系、钛系、锆系等新型储氢合金，用于氢的存储、运输和提纯。

总之，经济的发展是可持续发展的条件，社会的发展是可持续发展的目的，而科学技术的进步是可持续发展的强劲推动力量。新材料作为科技革命与创新的基石，它的开发与应用成为可持续发展的保障和前提。没有新材料的发展及其在社会各个领域中的广泛应用，实现经济社会的可持续发展无疑是不可想象的。

二、材料与生态环境

长期以来，人们主要是依据应用对象对材料提出的力学性能和功能要求对材料进行开发，而很少顾及材料对生态环境的影响。材料对生态环境的影响涉及如下三个方面：

① 生产。传统材料在生产过程中不仅要消耗大量资源和能源，还要向环境中排放大量有害气体、固体废弃物和污水等。

② 使用。有些材料在使用过程中会释放有毒有害的物质。

③ 废弃。废弃后的材料被随地堆放，又成为环境污染源。

目前，保护生态环境、节约资源和发展循环经济已成为全人类的共同目标。因此，材料的生产、使用和废弃都必须考虑其与生态环境的关系，必需加强研究材料、环境、社会三者间的相互关系，注意材料开发与生态环境的和谐，确保人类社会的可持续发展。

环境是人类周围一切物质、能量和信息的总和。环境污染的实质在于人类的经济活动索取资源的速度超过了资源本身及其替代品的再生速度，同时向环境排放废弃物的数量超过了环境本身的自净能力。

对人类活动而言，环境一般有三个作用：首先，环境是各种生物生存的基本条件，为人类从事生产和生活提供物质基础；其次，环境对人类经济活动所产生的废物进行消纳、稀释及转化；再次，环境为人类的生产和生活提供精神享受。

由于资源过度消耗、人口激增以及环境污染等影响，目前全球有十大环境污染问题，包括：生物多样性日益减少；全球气候持续变暖；森林面积锐减；大气污染状况持续恶化；水体污染日趋严重；固体废弃物污染不断增加；酸雨蔓延；海洋污染日益严重；臭氧层不断破坏；土地荒漠化趋势加剧。

尽管发达国家的空气污染、水污染等环境问题得到了一定程度的治理，但并没有从根本上解决经济发展过程中产生的各种环境污染。

我国作为发展中国家，人口众多，人均资源少，生态环境脆弱，发展水平低。因此，在创造经济增长奇迹的同时，努力改善生态环境状况，寻求环境与社会、经济、人口相协调的可持续发展道路，具有重要的战略意义和现实意义。

三、材料的可持续发展战略与生态环境材料

1. 材料的可持续发展战略

保证材料性能的同时，尽可能节约资源与减少环境污染，改变片面追求性能的旧观点；重视对材料及其产品整个寿命周期对环境协调性的评价；不但讲经济效益，还要将社会效益、材料科技与产业具体目标和各国各地区可持续发展的大目标结合起来。

2. 生态环境材料的研发

生态环境材料指同时具有优良使用性能和最佳环境协调性能的材料，其特征：资源、能源消耗少，生态和环境污染小；再生利用率高或可降解化和可循环利用；在制造、使用、废弃直到再生利用的整个寿命周期中均与环境协调共存。

3. 材料与循环经济

工业革命和科技进步促进了现代社会在经济、文化、军事及社会生活各个方面的快速发展，极大地丰富了人类的物质文化生活，使人类的生活呈现出绚丽灿烂、多姿多彩的局面，但

与之相伴随的却是人类生存环境的快速恶化。那么，人类社会如何在持续发展的同时最大限度地保护生态环境呢？

自 1972 年以来，在联合国教科文组织的协调下，各国政府相继制定了环境保护措施和可持续发展战略，人类社会的发展进入了深刻认识生态环境问题、保持生态平衡、追求人与自然和谐发展的历史新阶段，循环经济的思想越来越受到人们的普遍重视。

循环经济也称为资源闭环利用型经济，其内涵是：只有在保持生产扩大和经济增长的同时通过建立资源-生产-产品-消费-废弃物再资源化的物质的闭环流动模式，才能既提高人民的生活水平，又避免由于对地球资源的掠夺式开发而导致的自然生态的破坏。

循环经济是把清洁生产、资源综合利用、可再生能源开发、产品的生态设计和生态消费等融为一体，运用生态学规律来指导人类社会经济活动的模式。循环经济的标志性特征，就是其所遵循"4R"原则。

(1) 减量化原则(Reduce)

就是把减少物质和能源的使用量作为循环经济的首要原则。该原则以不断提高资源生产率和能源利用效率为目标。在经济运行的输入端，最大限度地减少对不可再生资源的开采和利用，尽可能多地使用替代性可再生资源，减少进入生产和消费过程的物质流和能源流。

(2) 再利用原则(Reuse)

就是尽可能多次地及多种方式地使用人们所购买的产品。

(3) 再循环原则(Recycle)

就是尽可能多地循环利用或资源化所生产的产品，尽量把废弃物品返回工厂，在那里经过适当加工后再融入新的产品。

(4) 再思考原则(Rethink)

就是不断思考在经济运行中如何从根本上避免和减少废弃物，最大限度地提高资源利用率，实现污染最小化和废弃物循环利用最大化。

思 考 题

1. 简述材料的发展历史。
2. 说明生态环境材料"4R"原则的重要性。

第三章　材料科学与工程纲要

第一节　概　　述

一、材料科学与工程的形成

材料科学的核心在于研究材料的成分、组织结构与性能的关系，其目的是解决“为什么”。

材料工程的核心在于研究材料在制备、成型、处理和加工过程中的工艺技术问题，其目的是解决“怎样做”。

把“材料科学”与“材料工程”两者有机结合起来，就形成了“材料科学与工程”。

材料科学为材料工程提供设计依据，为更好地选择、使用和发展新材料提供理论基础；材料工程又为材料科学提供丰富的研究课题和物质基础。可见，材料科学与材料工程是紧密联系的。

二、材料科学与工程的特点

1. 材料科学与工程具有鲜明的工程性

材料科学与工程具有物理学、化学、冶金学、陶瓷学、高分子学等多学科相互融合、相互交叉的特点，并且与实际应用的关系非常密切，具有鲜明的工程性。实验室的研究成果必须经过工程研究与开发，以确定合理的工艺流程，并通过中试后才能生产出符合要求的材料。此外，各种材料在使用中还会暴露出一些问题，需要反馈到研究与开发环节，进行改进后再回到应用领域。

只有经过多次反复的应用与改进，才能成为成熟的材料，但即便是成熟的材料，随着科技的发展与需求的推动，还要不断加以改进。因此，在材料研究中将会涉及材料研究、工艺改进、试验测试、中试试验、推广应用和完善改进等各阶段的研究工作。

2. 材料科学与工程有明确的应用背景和应用目的

发展材料科学与工程的目的是开发新材料，并为之提供新技术、新方法和新工艺；或者提高已有材料的性能和质量，降低成本和减少污染，以更好地使用已有材料，充分发挥其作用。材料科学与工程在这一点上与材料物理、材料化学有着重要的区别。

3. 材料科学与材料工程是相辅相成、密不可分的

在材料科学与工程中，材料科学侧重于发现和揭示材料“四要素”之间的关系，以提出新概念和新理论；材料工程则侧重于寻求新手段，以实现新材料的设计思想并使之投入应用。两者是相辅相成、密不可分的。

三、材料科学与工程的四要素

概述：材料的化学成分、组织结构是影响其各种性质的直接因素，加工过程通过改变材料的组织结构而影响其性质。

材料的品种及应用多种多样，材料的问题涉及许多科学与工程学科，因此，人们一直关心各种材料的统一性和相关性。材料科学与工程四个基本要素的提出，才使得在貌似不相关的材料之间找到了共同点，即无论哪种材料都包括以下四个基本要素：成分与结构、合成与加工、性能（性质或固有属性）、使用性能。

抓住了材料科学与工程的四个要素，就抓住了材料科学与工程的本质。

1. 材料的成分与结构

每个特定的材料都具有一个从原子、电子尺度到宏观尺度的结构。在各种尺度上，对材料的结构进行研究是材料科学与工程学科的重要方面。

材料的结构一般包含几个层次：电子层次、原子或分子排列层次（纳米层次）、显微层次、宏观层次。

当前，由于材料的性质和使用性能越来越多地取决于材料的纳米结构，对介于宏观尺度和微观尺度之间的纳米尺度的探究已成为材料科学与工程研究的新重点。

2. 材料的合成与加工

材料的合成与加工过程实质上是一个建立原子、分子的新排列，从原子尺度到宏观尺度上对材料结构进行控制的过程。

合成通常是指把原子和分子组合在一起来制造新材料时所采用的物理和化学方法。加工除了为生产有用材料而对原子、分子进行控制外，还包括材料形状在较大尺度上的改变。

研究表明，材料的性质和使用性能取决于材料的组成及结构，后者又取决于合成与加工工艺。

3. 材料的性能

每一种材料都有其固有的性质，因而材料在各种外部作用的刺激下就会有特定的响应，材料的性能就是材料这种固有属性的定量描述。材料的性能包括物理性能（导电性、导热性等）、化学性能（抗氧化性、抗腐蚀性等）、力学性能（强度、韧性、塑性等）。材料的任何性能都源于其特定的结构，都是材料经合成或加工后由其结构与成分的变化而产生的结果。

4. 材料的使用性能

材料的使用性能指材料在服役条件下所表现的特性，它是材料性质与服役条件、产品设计及加工融合在一起所决定的要素，其度量指标有可靠性、有效寿命、安全性和成本等综合因素。

材料的物理、化学、力学性质都是成分和结构的体现，它们决定着材料的使用范围。

四、材料的结构与性能

材料四要素之间的相互关系是材料科学与工程所关心的基本问题，而材料结构与性能的关系正是这一问题的核心。无论是金属材料、高分子材料还是无机非金属材料，其宏观性能都是由其化学组成和内部结构所决定的。

只有从微观上了解材料的组成、结构与性能的关系，才能有效地选择制备和使用材料。材料的结构一般分为键合结构、晶体结构、组织结构。

材料结构是指组成材料的原子或分子之间的空间分布，材料的结构决定材料的性能。

材料结构包含化学成分、晶体结构和缺陷、相组成、形貌等。材料贯穿于机械工程的始终，而其核心是围绕“结构与性能”的相互辩证关系。

第二节　材料的基本知识

一、材料结构的基本知识

1. 成分与结构

材料的成分是指组成材料的元素种类及其含量，通常用质量分数(w)表示。

材料的结构主要是指材料中原子(离子或分子，以下统一由原子代表)的排列方式。

2. 组元、相和组织

组元是组成材料最基本的、独立的物质。组元可以是纯元素，也可以是能稳定存在的化合物。金属材料的组元多为纯元素，陶瓷材料的组元多为化合物。高分子材料则是以高分子化合物为主要组元的材料。

材料中具有同一化学成分且结构和性质相同的均匀连续的部分称为相。相与相之间有明显的界面，材料的结构和性质在相界面上会发生突变，但有界面分开的不一定都是两相，如果材料是由成分、结构均相同的同种晶粒构成的，尽管各晶粒之间有晶界隔开，但它们仍属于同一种相。

材料内部的微观形貌称为材料的组织，是指在光学显微镜或电子显微镜下可观察到，能反映各组成相形态、尺寸及分布的图像。

3. 化学键合

单个原子通过化学键结合在一起组成材料，各类材料在结构和特性上的差异本质上是由不同元素以特定的键合方式结合所造成的。结合键分为化学键和物理键。化学键有离子键、共价键、金属键；物理键有范德瓦尔斯键、氢键。金属键是金属离子与自由电子之间的静电吸引力组合而成。原子、分子间的结合力是原子、分子之间吸引力和排斥力的合力。

4. 电负性

电负性是指不同元素的原子在分子中吸引电子的能力，与原子的亲和能和第一电离能之和成正比。元素周期表及各元素的电负性如图 3-1 所示。

电负性与键性的关系：电负性小的原子结合形成金属键；电负性大的原子结合形成共价键；电负性相差大的不同原子结合形成离子键；电负性相差小的不同原子结合形成共价键和离子键的混合键。

5. 晶体定义、结构和空间点阵

晶体是原子(离子、分子)在三维空间按一定规律呈周期性排列构成的物质。晶体原子以周期性重复的方式在三维空间有规则地排列。

非晶体是质点在三维空间不呈周期性的规则排列。原子排列短程有序、长程无序，无周

IA	IIA	IIIB	IVB	VB	VIB	VIIB	VIII			IB	IIB	IIIA	IVA	VA	VIA	VIIA	0
1 **H** 2.1																	2 **He** —
3 **Li** 1.0	4 **Be** 1.5											5 **B** 2.0	6 **C** 2.5	7 **N** 3.0	8 **O** 3.5	9 **F** 4.0	10 **Ne** —
11 **Na** 0.9	12 **Mg** 1.2											13 **Al** 1.5	14 **Si** 1.8	15 **P** 2.1	16 **S** 2.5	17 **Cl** 3.0	18 **Ar** —
19 **K** 0.8	20 **Ca** 1.0	21 **Sc** 1.3	22 **Ti** 1.5	23 **V** 1.6	24 **Cr** 1.6	25 **Mn** 1.5	26 **Fe** 1.8	27 **Co** 1.8	28 **Ni** 1.8	29 **Cu** 1.9	30 **Zn** 1.6	31 **Ga** 1.6	32 **Ge** 1.8	33 **As** 2.0	34 **Se** 2.4	35 **Br** 2.8	36 **Kr** —
37 **Rb** 0.8	38 **Sr** 1.0	39 **Y** 1.2	40 **Zr** 1.4	41 **Nb** 1.6	42 **Mo** 1.8	43 **Tc** 1.9	44 **Ru** 2.2	45 **Rh** 2.2	46 **Pd** 2.2	47 **Ag** 1.9	48 **Cd** 1.7	49 **In** 1.7	50 **Sn** 1.8	51 **Sb** 1.9	52 **Te** 2.1	53 **I** 2.5	54 **Xe** —
55 **Cs** 0.7	56 **Ba** 0.9	57~71 **La~Lu** 1.1~1.2	72 **Hf** 1.3	73 **Ta** 1.5	74 **W** 1.7	75 **Re** 1.9	76 **Os** 2.2	77 **Ir** 2.2	78 **Pt** 2.2	79 **Au** 2.4	80 **Hg** 1.9	81 **Tl** 1.8	82 **Pb** 1.8	83 **Bi** 1.9	84 **Po** 2.0	85 **At** 2.2	86 **Rn** —
87 **Fr** 0.7	88 **Ra** 0.9	89~102 **Ac~No** 1.1~1.7															

电负性

图 3-1　元素周期表及各元素的电负性

期性。

阵点：将构成晶体的原子（离子、分子）抽象成纯粹的几何点，称之为阵点。

晶格：作许多平行的直线把阵点连接起来，构成一个三维的几何格架，称之为晶格。

晶体结构：是指晶体中原子（离子、分子）在三维空间的排列方式。

空间点阵（晶格）：为了研究方便，通常把在空间中排列的原子（离子、分子）抽象成几何上的点，然后用直线把它们连接起来，就构成了一个有规则的几何格架，即所谓的空间点阵（或晶格）。

晶胞：能够充分反映整个晶体结构特征的最小构造单位。

晶胞参数：晶胞三条棱边（晶轴）的边长 a、b、c 及晶轴之间的夹角 α、β、γ 称为晶胞参数。

晶系与布拉菲点阵：1948 年，布拉菲首先用数学分析方法证明自然界可能存在的空间点阵只有 14 种（图 3-2），分属 7 个不同的晶系。根据晶胞的外形，即晶轴长度和晶轴夹角将晶体分为立方、四方、正交、六方、单斜、三斜、菱方等七大晶系，见表 3-1。

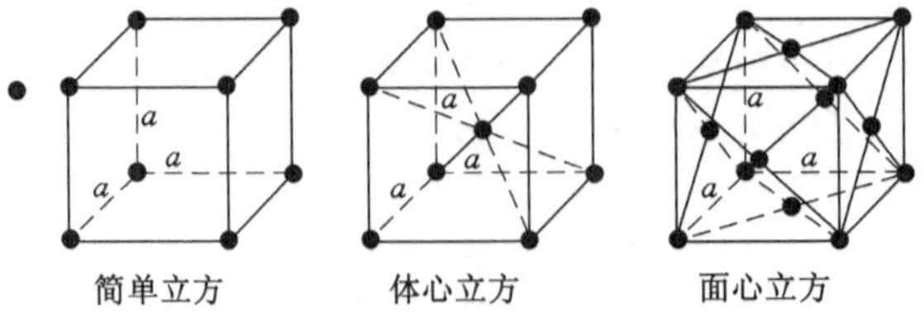

图 3-2　14 种布拉菲点阵示意图

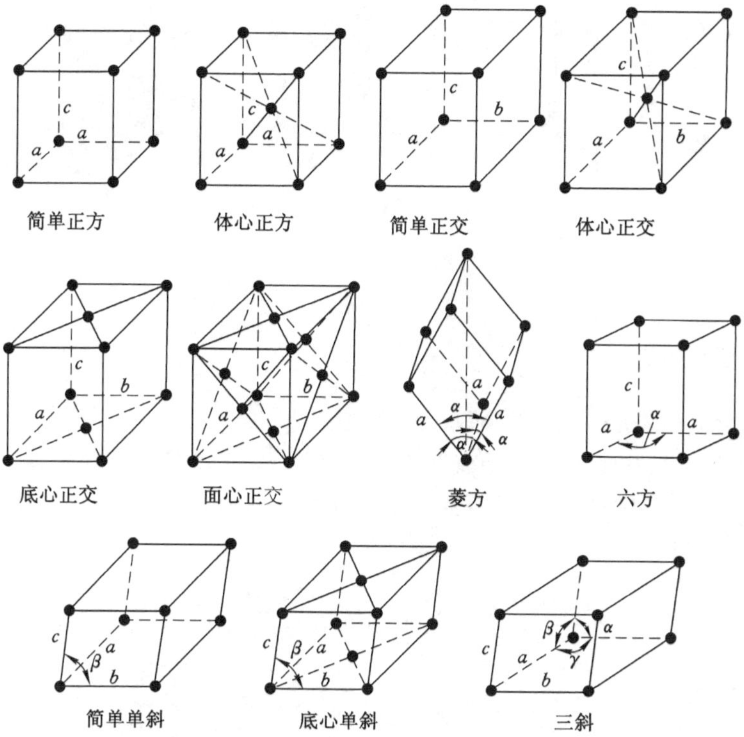

图 3-2 （续）

表 3-1　晶体的 7 种晶系和 14 种布拉菲点阵

晶系	布拉菲点阵和符号	晶胞参数关系
立方晶系	简单	$a=b=c, \alpha=\beta=\gamma=90°$
	体心	
	面心	
六方晶系	简单	$a=b\neq c, \alpha=\beta=90°, \gamma=120°$
正方晶系(四方)	简单	$a=b\neq c, \alpha=\beta=\gamma=90°$
	体心	
菱方晶系(三方)	简单	$a\neq b\neq c, \alpha=\beta=\gamma\neq 90°$
正交晶系(斜方)	简单	$a=b\neq c, \alpha=\beta=\gamma=90°$
	体心	
	底心	
单斜晶系	面心	$a=b\neq c, \alpha=\gamma=90°\neq\beta$
	简单	
三斜晶系	底心	$a=b\neq c, \alpha\neq\beta\neq\gamma\neq 90°$
	简单	

三种立方晶体结构如图 3-3 所示。

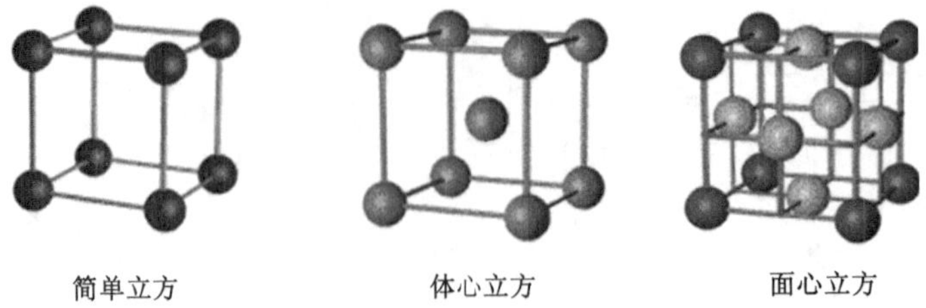

图 3-3　三种立方晶体结构示意图

二、晶体结构缺陷

晶体缺陷分为点缺陷、线缺陷、面缺陷、体缺陷。

点缺陷：理想晶体中的一些原子被外界原子所代替，或在晶格间隙中掺入原子，或留有原子空位，破坏了有规则的周期性排列，引起质点间势场的畸变，造成晶体结构在原子位置上的不完整，这种缺陷称为点缺陷，如图 3-4 所示。

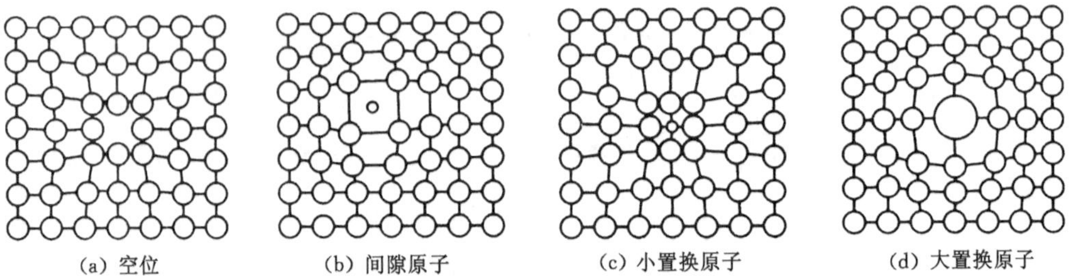

图 3-4　点缺陷示意图

线缺陷：实际晶体在结晶时受到杂质、温度变化或振动产生的应力作用，或晶体受到打击、切削、研磨等机械应力的作用，使晶体内部质点排列变形、原子行列间相互滑移，而不再符合理想晶格的有序排列，形成两维尺度很小而第三维尺度很大的缺陷，称为线缺陷，习惯上也称为位错，如图 3-5 所示。

面缺陷：一块晶体常常被一些界面分隔成许多较小的畴区，畴区内具有较高的原子排列完整性，畴区之间的界面附近存在着较严重的原子错排，如图 3-6 所示。

体缺陷：是三维缺陷，包括孔洞——影响材料的力学、光学、热学性能；裂纹——影响材料的力学性能；夹杂——影响材料的力学、光学、电学性能。

三、各种材料的结构

1. 金属材料的结构

金属材料一般都是晶体，在常温下，纯金属的晶体结构大部分属于下面三种：面心立方结构、体心立方结构、密排六方结构。

温度发生变化时，同一种金属可能会发生晶体结构转变。常温下的镍、铝、铜、铅、银等金属属于面心立方结构；常温下的铁、钼、钨、铌等属于体心立方结构；常温下的钛、镁、锌等属于密排六方结构。

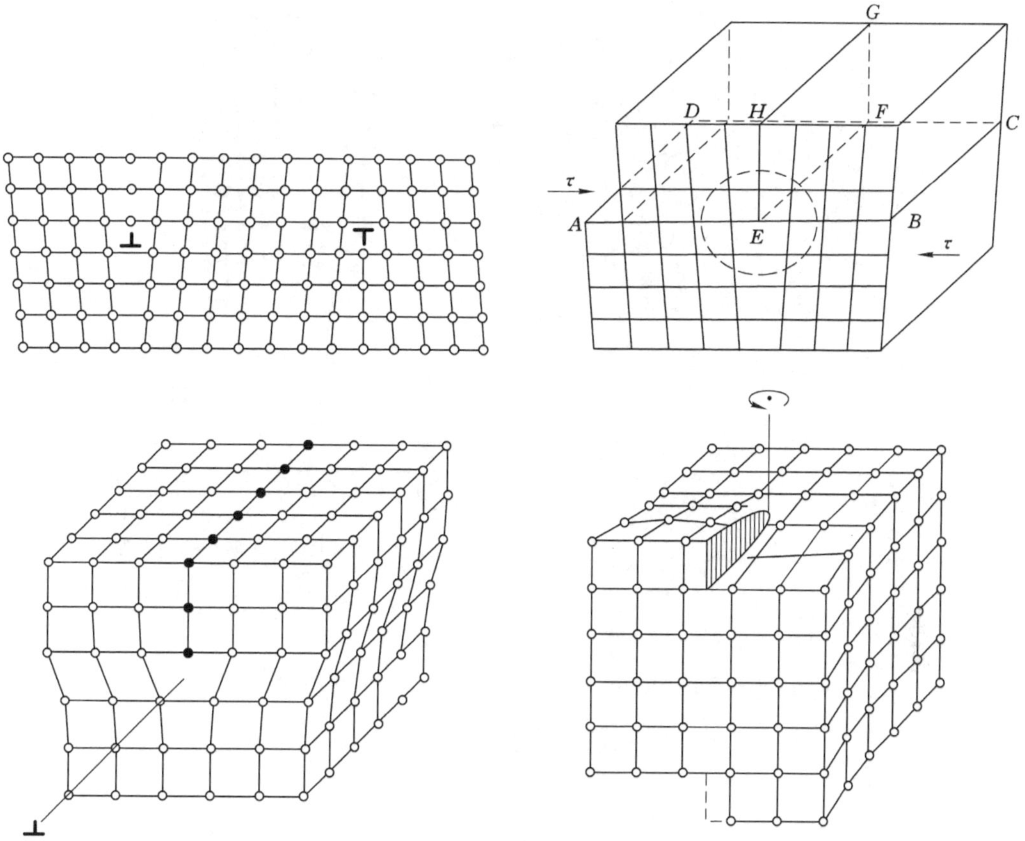

(a) 刃型位错　　(b) 螺型位错

图 3-5　线缺陷示意图

当金属与其他元素形成合金时，在合金中会形成一定的相。从结构上可以将合金中的相分为固溶体和化合物两类。

合金是以一种金属元素为基础，加入其他金属或非金属而组成的具有金属特性的材料。

2. 固溶体

固溶体是溶质原子溶入溶剂晶格中而仍保持溶剂类型的合金相。通常是以一种化学物质为基体溶有其他物质的原子或分子所组成的晶体，在合金和硅酸盐系统中较多见，在多原子物质中亦存在。

固溶体分为置换型固溶体（溶质原子占据阵点的固溶体）和间隙型固溶体（溶质原子占据基本组元原子间隙的固溶体）。

3. 金属间化合物

把金属与金属或金属与非金属元素之间形成的化合物称为金属间化合物。金属间化合物的晶体结构一般都比较复杂，其结合键中含有较多的离子键和共价键成分，因此金属间化合物通常具有熔点高、硬度高、脆性大等特点（图 3-7）。

4. 无机非金属材料的结构

无机非金属材料中的相组成较为复杂，其典型组织由晶体相、玻璃相和气相三者组成，其

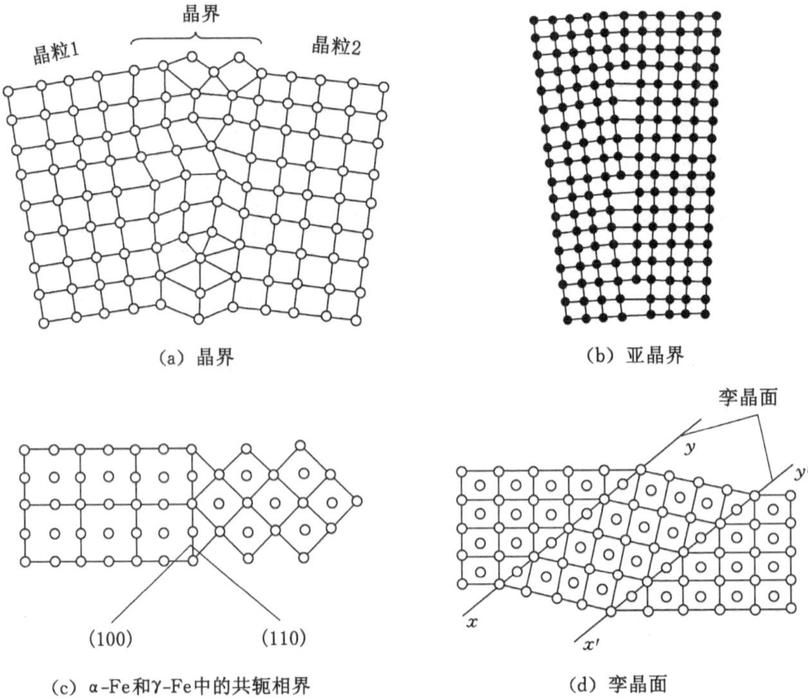

图 3-6 面缺陷示意图

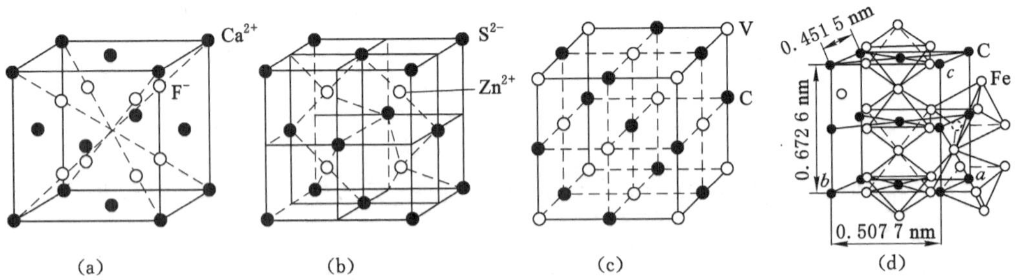

图 3-7 几种金属间化合物的晶胞示意图

中晶体相是主要的组成相。晶体相常见的结构有氧化物结构、非氧化物结构和硅酸盐结构。

(1) 几种典型氧化物的结构(图 3-8)

在 Al_2O_3 中,O^{2-} 占据密排六方晶格的结点位置,而 Al^{3+} 对称地填充在其八面体间隙中,如图 3-8(c)所示。

(2) 非氧化合物结构(图 3-9)

非氧化合物是指金属碳化物、氮化物、硅化物和硼化物等,其结合键主要是离子键,也有一定成分的金属键和共价键。

(3) 硅酸盐结构(图 3-10)

硅酸盐的结合键为离子键和共价键的混合键,其主要结构特征是 Si^{4+} 总是位于由 4 个 O^{2-} 组成的四面体中心,以此构成硅酸盐的基本单元——硅氧四面体$[SiO_4]^{4-}$。

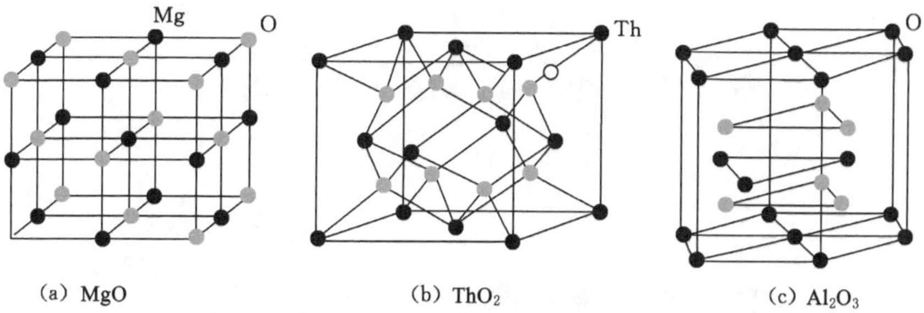

图 3-8　几种典型氧化物的结构示意图

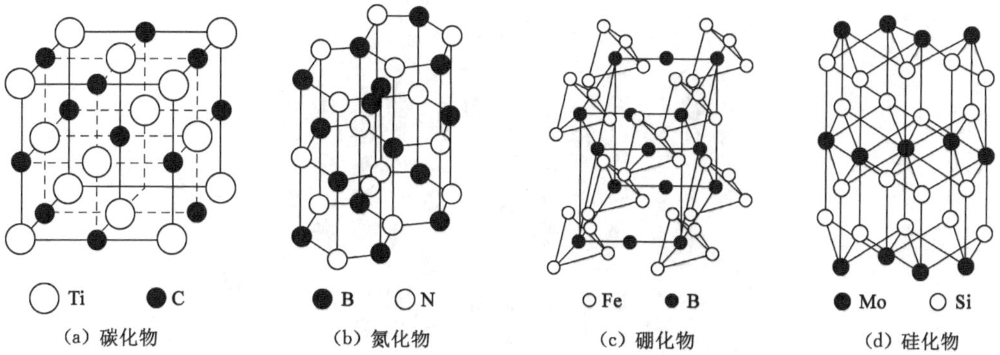

图 3-9　几种非氧化合物的结构示意图

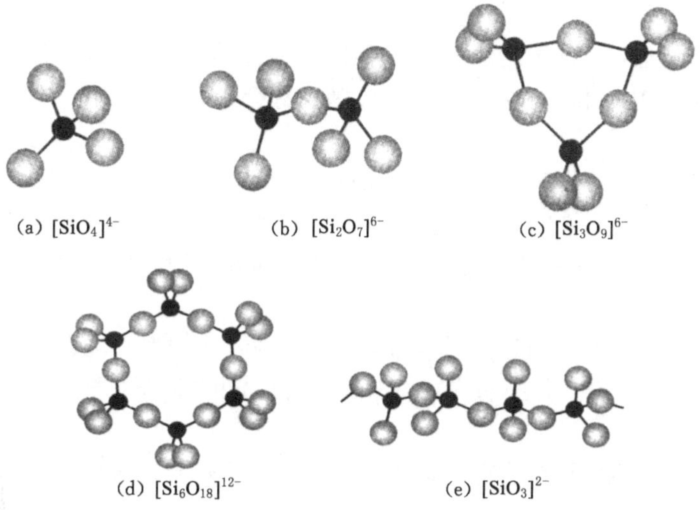

图 3-10　部分硅酸盐结构示意图

5. 高分子材料的结构

高分子材料的结构由大量重复的结构单元组成，包括高分子链结构和聚集态结构两个层次。高分子链结构包括线型分子链、支链型分子链、体型分子链（网型分子链），如图 3-11 所示。

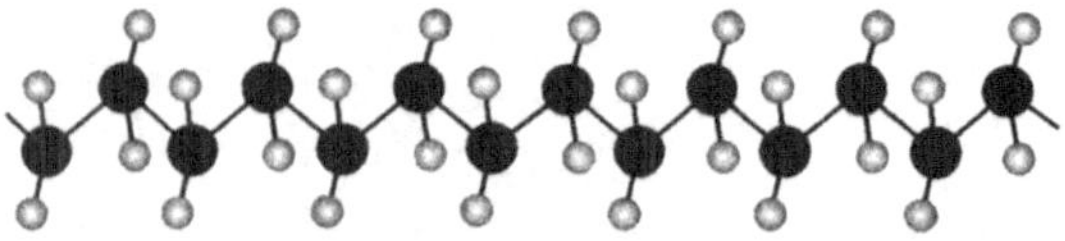

(a) 线型分子链

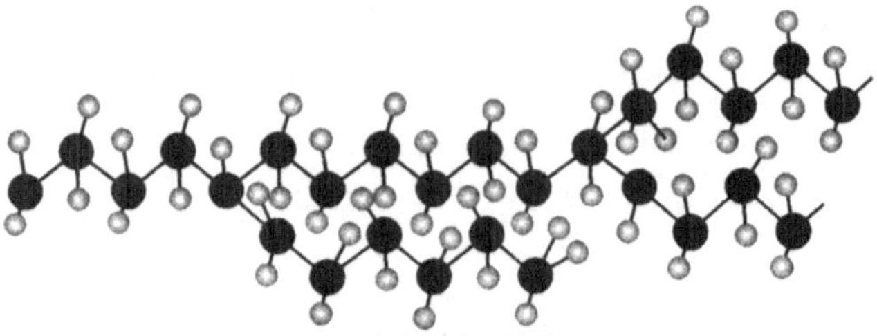

(b) 支链型分子链

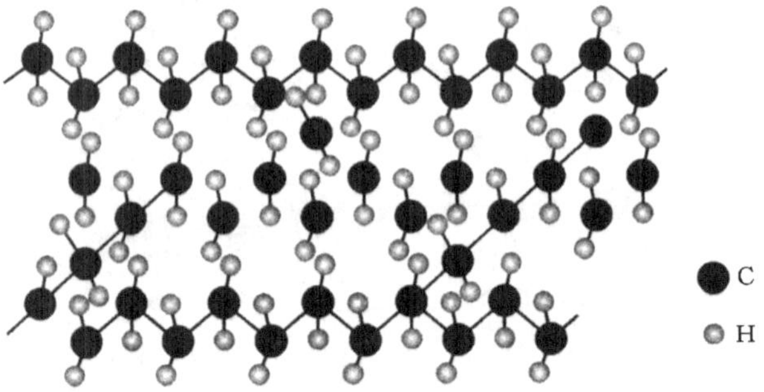

(c) 体型分子链

图 3-11　高分子链结构示意图

由线型和支链型分子链构成的聚合物弹性大、塑性好、硬度低，可以通过加热和冷却的方法使其重新软化（或熔化）和硬化（或固化），故又称为热塑性聚合物。例如，涤纶、尼龙、生橡胶等。

体型分子链构成的聚合物，网状分子链的形成使聚合物分子之间不易相互流动，从而提高了聚合物的强度、耐热性和化学稳定性。这类聚合物具有较高的强度和热固性，加热加压成型固化后，不能再加热熔化或软化，故又称为热固性聚合物。例如，酚醛塑料、环氧树脂、硫化橡胶等。

高分子材料的聚集态结构是指其内部高分子链的几何排列和堆砌结构，一般可分为晶态（分子链规则排列）、部分晶态（分子链部分规则排列）和非晶态（分子链无规则排列）三类，如图 3-12 所示。

由线型分子链构成的聚合物在一定条件下可以形成晶态或部分晶态，而由体型分子链构成的聚合物均为非晶态。

6. 材料的性能

材料的性能是用于表征材料在给定外在条件下行为的参量，包括力学性能（硬度、刚度、强度、塑性、韧性）、物理性能（磁学、光学、热学、电学、声学）、化学性能（催化、防腐）。

（1）力学性能

材料的力学性能是指材料受到外力作用时的变形行为以及材料抵抗变形和破坏的能力。

(a) 晶态　　(b) 部分晶态　　(c) 非晶态

图 3-12　高分子的聚集态结构示意图

① 强度：材料抵抗外力的能力，与缺陷、键力有关。表征：抗拉强度、屈服强度、抗弯强度、抗压强度。

抗拉强度(拉伸强度)σ_b：材料承受拉伸载荷时，断裂前单位面积上所承受的最大应力。

抗弯强度(弯曲强度)σ_{bb}：材料承受弯曲载荷时，断裂前单位面积上所承受的最大应力。

抗压强度 σ_{bc}：材料承受压缩载荷时，断裂前单位面积上所承受的最大应力。

抗剪强度(剪切强度)τ_f：材料承受剪切载荷时，断裂前单位面积上所承受的最大应力。

抗扭强度(扭曲强度)τ_b：材料承受扭转载荷时，断裂前单位面积上所承受的最大应力。

屈服强度 σ_s：材料承受载荷时，产生屈服现象时的临界应力。它表示材料抵抗塑性变形的能力。

蠕变强度：材料在一定的温度下，经过一定时间，蠕变速度不超过规定的数值，此时所能承受的最大应力。

疲劳极限 σ_r：材料在交变载荷作用下，经过无限次应力循环而不引起断裂的最大循环应力。

② 塑性：外力作用下，材料发生不可逆的永久性变形而不致破坏的能力。表征：延伸率 δ、断面收缩率 F。

③ 硬度：材料在表面上的小体积内抵抗变形或破裂的能力。材料硬度测试方法有压入法、划痕法、回跳法。

布氏硬度(HB)：用钢球压入材料表面，单位面积的承载能力称为布氏硬度。用一定直径的压头(球体)，以相应试验力压入待测表面，保持规定时间卸载后，测量材料表面压痕直径，以此计算出硬度值，如图 3-13 所示。

洛氏硬度(HR)：用金刚石或淬火钢球压入材料表面，压入深度称为洛氏硬度。洛氏硬度测量方法：用锥顶角为 120°的金刚石圆锥或直径为 1.588 mm 的淬火钢球以相应试验力压入待测表面，保持规定时间卸载后，以测量的残余压痕深度增量来计算出硬度值。

维氏硬度(HV)：用金刚石压头压入材料表面，单位面积的承载能力称为维氏硬度。与布氏硬度试验原理基本相同，只是压头改用了锥面夹角为 136°的金刚石正四棱锥体。

肖氏硬度：用一定质量的钢球或金刚石球，自一定高度落下，撞击材料后，球又回跳到一定高度，此高度为肖氏硬度。

④ 弹性：在外力作用下材料产生变形，外力除去后能恢复原状的能力。

弹性模量 E 或 G(MPa 或 N/mm^2)：材料在弹性范围内，应力与应变的比值。弹性模量表征材料抵抗弹性变形的能力。

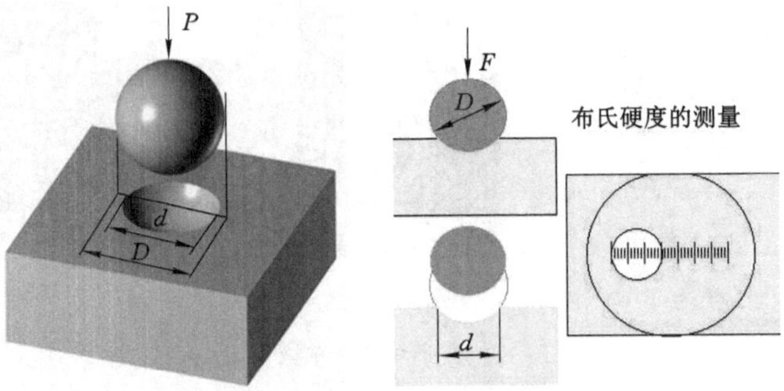

图 3-13　布氏硬度测量方法

比例极限 σ_p（MPa 或 N/mm^2）：材料在弹性范围内，应力与应变保持直线关系，开始偏离直线时的应力。

弹性极限 σ_e（MPa 或 N/mm^2）：弹性变形阶段，不产生塑性变形时所能承受的最大应力。

⑤ 刚度：抵抗弹性变形的能力。表征：弹性模量、杨氏模量、剪切模量。

⑥ 疲劳强度：材料抵抗交变应力作用下断裂破坏的能力。表征：疲劳极限、疲劳寿命。

⑦ 抗蠕变性：材料在恒定应力（或恒定载荷）作用下抵抗变形的能力。表征：蠕变极限、持久强度。

⑧ 韧性：材料抵抗塑性变形和破坏的能力，也是材料从塑性变形到断裂全过程中吸收能量的能力。表征：冲击韧性（a_k）。

（2）物理性能

① 热学性能：熔点（K）：材料由固态转变为液态的熔化温度。

比热容[c，J/(kg·K)]：单位质量的物质，在温度升高或降低 1 K 时所吸收或放出的热量。

热导率[λ，W/(m·K)]：在单位时间内，沿热流方向单位长度上温度降低 1 K 时单位面积允许导过的热量。

线膨胀系数（α_1，K^{-1}）：材料温度每升高 1 K 所增加的长度与原长度的比值。

② 电学性能：电阻率（ρ，$\Omega \cdot m$）：反映材料绝缘性能的参数，与材料的截面积成正比，与长度成反比。

电导率（γ，S/m）：电阻率的倒数。

③ 磁学性能：

磁导率（μ，H/m）：衡量磁性材料磁化难易程度的性能指标，是磁感应强度与磁场强度的比值。

磁感应强度（B，T）：表示磁场强度与方向特性的物理量。

磁场强度（H，A/m）：表示磁场中各点磁力大小和方向的物理量。

矫顽力（H_c，A/m）：消除剩磁感应强度所需外加反向磁场的磁场强度的绝对值。

④ 摩擦性能：

摩擦系数（f）：摩擦力与产生摩擦力的正应力的比值。

(3) 化学性能

材料总是在一定的环境介质中工作的，这些介质常常会与材料发生化学反应，影响材料性能的发挥。例如随处可见的生锈现象，不仅浪费了大量金属资源，而且还会导致各种灾难性的事故的发生。

① 耐腐蚀性：材料抵抗酸、碱、盐、空气及各种溶液、润滑油等介质腐蚀的能力。

② 抗氧化性：材料在高温下防止与周围的氧作用而不被损坏的能力。

7. 材料科学与工程的发展趋势

当前，通信产业、生物技术、新能源技术、宇航技术等都对材料提出了更高的要求。复合化、功能化、智能化、低维化、高性能化、与环境相协调已成为新材料开发的重要目标。要求人们从材料的四个要素出发，深入原子和电子尺度研究材料结构与性质的关系，按使用要求对材料进行组装和剪裁，得到一系列具有理想性质的新材料，同时还要重视开发材料的先进制造技术。

8. 传统材料的地位及其发展方向

实际上，很多新材料是在传统材料的基础上发展起来的。因为在现有材料产业中，还存在着大量材料科学与工程方面的问题需要解决。由于金属、玻璃、陶瓷、高分子材料等的原材料多为矿产资源，属于不可再生的资源，因此，在材料生产过程中必须注意节省资源、节约能源，重视再生利用和环境保护。从这个意义上讲，未来的材料必将是与自然具有更好的适应性、相容性和环境友好性的材料。

对发展中国家来说，传统材料往往比新材料更为重要。因为传统材料是国民经济的基础，与人民基本生活的关系最为密切；传统材料量大面广，即使有一点改进，收益也会很可观。

9. 开发新材料和发展高技术

目前，高技术和高技术产业已经成为综合国力竞争的焦点。新材料是发展高技术的基础和先导，而新材料研制与开发本身又是高技术的一部分。因此，发展高技术必须重视开发新材料。新材料的发展重点主要在以下几个方面：

① 材料制备工艺与技术的开发。

② 材料的应用研究与开发。

③ 开发先进材料，发展高技术产业。

④ 科学仪器与检测装置。

10. 材料成分和结构的检测

材料成分和结构的检测手段目前常见的有：高分辨率透射电子显微镜(HRTEM)、扫描电子显微镜(SEM)、扫描探针显微镜/扫描隧道显微镜(SPM/STM)、原子力显微镜(AFM)、X射线衍射(XRD)、热重/差热分析/差示扫描量热法(TG/DTA/DSC)、超导量子相干磁力测定仪(SQUID)、气体吸附表面积测量和孔结构分析(BET)等。

高分辨率透射电子显微镜(HRTEM)：高压电子束穿过很薄的样品，阻止电子通过的样品区域呈现出图像，分辨率可达 0.1 nm，放大倍数在 150 万倍以上。

扫描电子显微镜(SEM)：电子束在试样表面扫描，用探测器收集相关信息，逐点逐行地在显像管上显示出来，分辨率可达 0.6 nm。

扫描隧道显微镜(STM)：将探针靠近导电样品表面对其进行扫描，样品和探头之间的隧道电流可连续监测，获得其表面图像。横向分辨率为 0.1～0.2 nm，而深度分辨率为 0.01 nm。可以在超高真空、真空、大气、液体中无损伤地直接观察物质表面结构。

原子力显微镜（AFM）：利用针尖和试样原子间的相互微弱作用力来获得试样表面的形貌图像，可用于研究绝缘体、半导体及导体，也可对 DNA 分子进行切割

X 射线衍射（XRD）：通过晶体的衍射探测其结构及晶相。

热重/差热分析（TG/DTA）：热重法是在温度程序控制下，测量物质质量与温度之间关系的技术；差热分析是在温度程序控制下，测量物质温度与参比物温度差与温度的关系。

差示扫描量热法（DSC）：在温度程序控制下，测量输入试样和参比物的功率差（如以热的形式）与温度的关系以及样品吸热或放热的速率，即以热流率 dH/dt（单位 mJ/s）为纵坐标，以温度 T 或时间 t 为横坐标绘制图线，可以测定多种热力学和动力学参数，如比热容、反应热、转变热、相图、反应速率、结晶速率、高聚物结晶度、样品纯度等。

11. 21 世纪新材料展望

① 微电子材料和器件：DNA 生物芯片，其包含密度比硅芯片高 100 万倍。

② 超导材料：室温超导是 21 世纪的重大研究课题。

③ 新型纳米陶瓷：解决脆性、耐高温等问题，可引发交通和电力行业重大变革。

④ 光纤通信材料：ZrF_4、LaF_4 和 BaF_2 三元混合体的氟玻璃，性能优于 SiO_2 材料。

⑤ 聚合物结构材料：高强度结构材料，如聚对苯二甲酰对苯二胺的强度/质量比是钢铁的 6 倍。

⑥ 医用材料：模拟和合成与人体相容性好的医用材料。

第三节　材料的合成与加工

一、材料的合成与加工概述

材料的制备方法有气相法、液相法、固相法。

1. 气相法

PVD 法是利用电弧、高频电场或等离子体等高温热源将原料加热至高温，使之气化或形成等离子体，然后通过骤冷，使之凝聚成各种形态的材料（如晶须、薄膜、晶粒等）。其原理一般基于纯粹的物理效应，但有时也可与化学反应相关联。CVD 法是以金属蒸气、挥发性金属卤化物、氢化物或金属有机化合物等蒸气为原料，进行气相热分解反应，或两种以上单质或化合物的反应，再凝聚生成各种形态的材料。其基本原理涉及反应化学、热力学、动力学、转移机理、膜生长现象和反应工程等。目前，CVD 法主要用于硅及砷化镓材料的外延生长、金属薄膜材料、表面绝缘层、硬化层等，也用于粉末、块状材料、纤维等的合成。

2. 液相法

① 熔融法：指将合成所需材料的原料加热，使其在加热过程和熔融状态下产生各种化学反应，从而形成一定的化学成分和结构。

② 溶液法：主要用于高分子化合物的制备，分为溶液聚合和溶液缩聚。

③ 界面法：是指在各种界面条件下发生反应来制备材料的方法，主要有高分子材料的悬浮聚合、乳液聚合和界面缩聚。

④ 液相沉淀法：是在原料溶液中添加适当的沉淀剂，使原料溶液中的阳离子形成沉淀，通过与沉淀剂之间的反应或水解反应产生沉淀，形成不溶性的草酸盐、碳酸盐、硫酸盐、氢氧化物、水合氧化物等沉淀物，沉淀颗粒的大小和形状由反应条件控制，然后经过过滤、洗涤、干燥，有时还需经过加热分解等工艺过程，最终得到超细粉体材料。

⑤ 溶胶-凝胶法：是在低温下制备玻璃和合成其他无机新材料的方法。

⑥ 水热法：是在水溶液中或大量水蒸气存在时，在高温高压或高温常压下所进行的化学反应过程。

⑦ 喷雾法：也称为溶剂蒸发法，是将溶解度较大的盐的水溶液雾化成小液滴，使其中的水分迅速蒸发，而使盐形成均匀的球状颗粒。

⑧ 溶液生长法：主要用于人工合成晶体的制备，是将所需制备晶体的原料作为溶质形成过饱和溶液，然后逐渐发生结晶过程使晶体长大。

3. 固相法

① 高温烧结法：陶瓷、耐火材料、粉末冶金以及水泥熟料等通常都是把成型后的坯体（粗制品）或固体粉料在高温条件下进行烧结后，才能得到相应的产品。

② 粉末冶金法：是用金属粉末或金属粉末与非金属粉末的混合物作为原料，经过成型和烧结，制成金属材料、复合材料以及各种类型制品的工艺技术。

③ 固相缩聚法：可以在比较缓和的条件下（如温度较低）合成高分子化合物，以避免许多在高温熔融缩聚反应下发生的副反应。

④ 自蔓延高温合成法：是利用反应本身放出的热量维持反应的继续，反应一旦被引发就不再需要外加热源，并以燃烧波的形式通过反应混合物。

二、材料的成型加工

1. 成型方法

各类材料的主要成型方法见表 3-2。

表 3-2　各类材料的主要成型方法

材料类型	材料种类	成型方法
金属材料	黑色与有色金属	铸造、塑性成型（锻造、冲压、轧制、挤压、拉拔、超塑性成型）
无机非金属材料	水泥	注浆成型
	玻璃	人工成型（吹制、自由成型、拉制等）； 机械成型（压制、吹制、拉制、浇铸、烧结等）
	陶瓷	可塑成型：挤压、旋压、滚压； 注浆成型：空心注浆、实心注浆、压力注浆、离心注浆、真空注浆、热压注浆

表3-2(续)

材料类型	材料种类	成型方法
高分子材料	塑料	注射、压制、压延、挤出、中空成型、热成型、浇铸、搪塑、浸渍、真空成型、泡沫塑料成型、烧结
	橡胶	压制、压延、压出、浸渍、浇铸、涂层等
	合成纤维	熔体纺丝、干法纺丝、湿法纺丝等
	复合纤维	手糊成型、模压成型、挤出成型、注射成型等

2. 材料的成型特性

① 自由流动成型:是指成型时无外力作用下,将呈流动状态的物料倒入模型型腔,或使其附在模型表面,经改变温度、反应或溶剂挥发等作用,使之固化或凝固,从而形成具有模型形状的产品,最终产品可以是成品,也可以是半成品。

② 受力流动成型:是指成型时在受力作用条件下,将呈流动状态的物料注入模型型腔,或使物料通过一定形状的口模,或附在模型表面,经温度变化、反应或溶剂挥发等作用,使物料冷凝、固化,最终形成产品,产品一般无须后续加工即可直接使用。

③ 受力塑性成型:是指在受力条件下,在高温或常温,或塑化条件下,使固态物料产生塑性变形而获得所需尺寸、形状及力学性能的成型方法。

三、金属材料常用的成型加工方法

① 铸造成型:是指将通过熔炼的金属液体浇入铸型内,经冷却凝固获得所需形状和性能的零件的制作过程。

② 塑性成型:是指金属材料在一定的外力作用下,利用金属的塑性而使其成为具有一定形状及一定力学性能的加工方法,也称为塑性加工或压力加工,如图 3-14 所示。

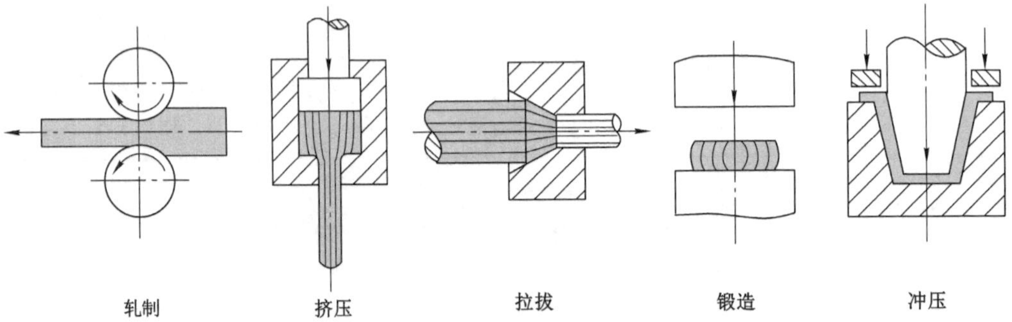

图 3-14　金属塑性成型方法示意图

③ 连接成型:主要有焊接、粘接和机械连接等。

④ 机械加工成型:主要有车削、铣削、钻孔、锯切、刨削、锉削、磨削及抛光等,其相关知识可查阅《金属工艺学》。

⑤ 热处理:通过一定的加热、保温及冷却工艺过程来改变材料的相组成情况,从而改变材料的性能。

四、材料的性质与使用性能

1. 材料的物理性质及其表征

材料的物理性质包括热学性质、电学性质、光学性质、磁学性质等。常用物理性质参量见表 3-3。

表 3-3　常用物理性质参量

热学性质指标	熔点	T_m	K	材料由固态转变为液态的熔化温度
	比热容	c	J/(kg·K)	单位质量的物质在温度升高或降低 1 K 时所吸收或放出的热量
	热导率	λ	W/(m·K)	单位时间内沿热流方向单位长度上温度骤降 1 K 时材料单位面积允许传导的热量
	线膨胀系数	α_l	K^{-1}	材料温度每升高 1 K 时所增加的长度与原长度的比值
	耐热性		K	材料在受热的条件下仍能保持其优良的物理力学性能的性质
电学性质指标	电阻率	μ	Ω·m	材料单位面积、单位长度上的电阻值
	电导率	γ	S/m	电阻率的倒数，表示材料的导电能力
磁学性质指标	超导率	μ	H/m	衡量磁性材料磁化难易程度的指标，等于磁感应强度与磁场强度之比
	磁感应强度	B	T	表示磁场强度与方向特性的物理量
	磁场强度	H	A/m	表示磁场中各点磁力大小和方向的物理量
	矫顽力	H_{cb}	A/m	消除剩磁感应强度外加方向磁场的磁场强度的绝对值
光学性质指标	折射率	n		光波在物体中的传播速度与在真空中的传播速度的比值
	反射率	R		物体反射的辐射能量占总辐射能量的百分比
	荧光性			物质在吸收电能或光能后，通过电子跃迁，再释放出光的现象
摩擦	摩擦因素	f		摩擦力与产生摩擦力的正应力的比值

2. 电学性质及其表征

① 导电性：用电阻率或电导率来表征。

② 介电性：主要包括介电常数、介质损耗及介电强度等。

③ 压电性：某些电介质在沿一定方向上受到外力的作用而变形时，其内部会产生极化现象，同时在它的两个相对表面上出现正、负相反的电荷。

④ 铁电性：在一些电介质晶体中，晶胞的结构使正、负电荷重心不重合而出现电偶极矩，产生不等于零的电极化强度，使晶体具有自发极化，晶体的这种性质叫作铁电性。

3. 材料的化学性质及其表征

物质在化学变化中才能表现出来的性质叫作化学性质。材料的化学性质或化学性能是指材料抵抗各种介质作用的能力，包括溶蚀性、耐蚀性、抗渗入性及抗氧化性等，归结为材料的化学稳定性。此外，同材料的化学性质有关的问题还有催化性及离子交换性等。

4. 材料的力学性质及其表征

材料的力学性质包括强度、弹性与塑性、韧性与脆性、硬度等。材料力学性质指标及含义见表 3-4。

表 3-4　材料力学性质指标及含义

指标			法定单位	含义说明
名称		符号		
弹性指标	弹性模量	E	MPa 或 N/mm^2	材料在弹性范围内应力与应变的比值，表征物体变形的难易程度
	切变模量	G	MPa 或 N/mm^2	
强度指标	抗拉强度	δ_b	MPa 或 N/mm^2	材料承受拉伸载荷时，断裂前单位面积上承受的最大应力值
	抗弯强度	δ	MPa 或 N/mm^2	材料承受弯曲载荷时，断裂前单位面积上承受的最大应力值
	抗压强度	δ_{bc}	MPa 或 N/mm^2	材料承受压缩载荷时，断裂前单位面积上承受的最大应力值
	抗剪强度	τ_b	MPa 或 N/mm^2	材料承受剪切载荷时，断裂前单位面积上承受的最大应力值
	抗扭强度	τ_{bc}	MPa 或 N/mm^2	材料承受扭转载荷时，断裂前单位面积上承受的最大应力值
	屈服强度	δ_s	MPa 或 N/mm^2	材料拉伸屈服时对应的应力值
	蠕变强度	$\delta(T_m,\varepsilon.t)$	MPa 或 N/mm^2	在一定温度下，于规定时间内，材料发生一定量总变形的最大应力值
	持久强度	$\delta(T_m,\sigma.t)$	MPa 或 N/mm^2	在一定温度下，经过规定时间发生蠕变破裂时的最大应力值
	疲劳强度	S	MPa 或 N/mm^2	在无限多次交变载荷作用下而不破坏的最大应力值
硬度指标	布氏硬度	HBW	MPa 或 N/mm^2	将硬质合金球压入材料表面，单位面积的承受能力
	洛氏硬度	HRC		将顶角为 120°的金刚石圆锥体或直径为 ϕ1.587 5 mm 的淬火钢球，以规定的试验力压入材料表面，材料表面留下的压痕深度
	维氏硬度	HV	MPa 或 N/mm^2	将相对面夹角为 136°的金刚石正棱锥体压头压入材料表面，单位面积的承受能力
	肖氏硬度	HS		钢球或金刚球从一定高度落到材料的表面上发生回跳的高度
弹性指标	断后伸长率	δ	%	材料在外力作用下被拉断后，在标距内总伸长长度同原标距长度之比
	断面收缩率	ψ	%	材料在外力作用下被拉断后，其横截面面积的缩小量与原横截面面积之比
韧性强度	冲击韧度	a_k	J/cm^2	材料在冲击载荷作用下抵抗变形和断裂的能力，冲击吸收功是指试样被折断而消耗的功，冲击韧度是单位面积上所消耗的冲击吸收功
	冲击吸收功	A_{kv}	J	
	断裂韧度	K_{Ic}	$N/mm^{1/2}$	材料组织宏观裂纹扩展的能力，常用裂纹尖端应力强度因子的临界值表示

五、材料设计

新材料开发设计的过程模型图如图 3-15 所示。

六、结构材料的失效

结构材料的失效行为包括过量变形失效、断裂失效、表面损伤失效等，见表 3-5。

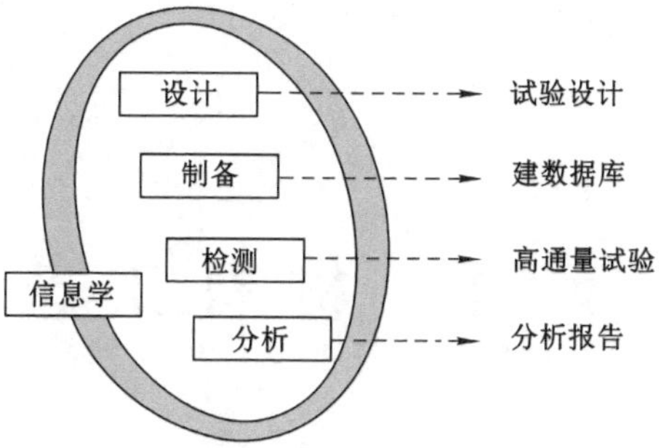

图 3-15　新材料开发设计的过程模型图

表 3-5　结构材料常见失效形式

失效形式		主要抗力指标	主要因素	协助因素
过量变形	过量弹性变形	拉伸弹性模量、屈服强度、泊松比、剪切模量	恒载	
	过量塑性变形	拉伸屈服强度、剪切屈服强度、扭转屈服强度、塑性伸长率		
断裂	塑性断裂	抗拉强度、抗扭强度、抗弯强度、抗压强度、抗剪强度、冲击韧性		
	低应力脆断	韧脆转变温度、断裂韧性		低温
	蠕变断裂	蠕变强度、持久强度		高温
	应力腐蚀断裂	应力腐蚀、临界应力场强度因子		化学
	疲劳断裂	对称循环疲劳极限、疲劳裂纹扩展速率、扭转疲劳强度极限等	交变载荷	
	腐蚀疲劳断裂			化学
表面损伤	接触疲劳			
	接触磨损	表面硬度、耐磨性	力学	
	表面腐蚀	腐蚀速率	化学	

思　考　题

一、填空题

1. 材料科学与工程有四个基本要素，它们分别是________、________、________、________。

2. 按组成和结构分，材料分为________、________、________和________。

二、简答题

1. 论述材料与生态环境的和谐发展的重要性。
2. 材料的四大要素是什么？叙述材料四大要素之间的关系。
3. 简述置换型固溶体和间隙型固溶体的特征和区别。

第四章 材料工艺

第一节 概 述

材料科学与工程所涉及的四个要素之间，材料工艺是一个至关重要的要素(图 4-1)。

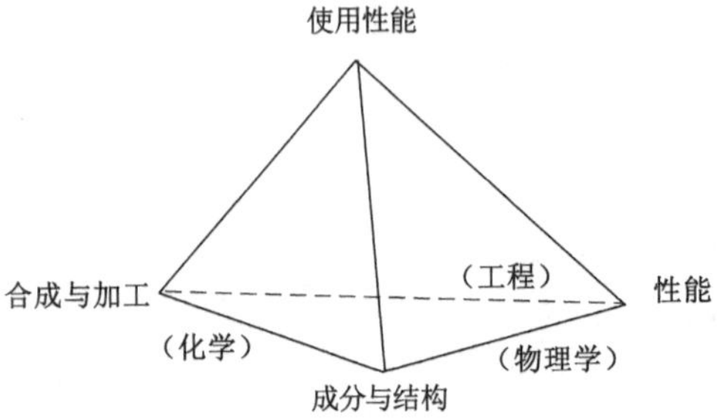

图 4-1 材料科学与工程的四要素

材料本身的制造过程，以及使材料成为人类所能利用的产品的过程，都必须通过一定的工艺才能实现。材料的成分是指组成材料的元素种类及含量，通常用质量分数(w)表示，有时也用摩尔分数(x)表示。四要素分别为：

① 成分与结构：影响其性能的直接因素。

② 合成与加工：改变材料的组织结构而影响其性能。

③ 性能：力学性能、物理性能和化学性能。

④ 使用性能：材料在使用条件下的表现，包括环境影响、受力状态、材料特征曲线、寿命估计等。

一、材料的合成

材料的合成过程实质上是一个建立原子、分子的新排列，从原子尺度到宏观尺度上对材料结构进行控制的过程。

合成通常是指把原子和分子组合在一起来制造新材料时所采用的物理和化学方法。例如：

$$Fe_2O_3+3H_2 = 2Fe+3H_2O$$

加工除了为生产有用材料而对原子、分子进行控制外，还包括材料形状在较大尺度上的改变。需要说明的是，在材料科学与工程中合成和加工之间的区别变得越来越模糊。合成(制备)是新技术开发和现有技术改进的关键性要素。现代材料制备技术是人造材料的唯一实现途径。研究表明，材料的性质和使用性能取决于材料的组成及结构，后者又取决于合成与加工工艺。制备与加工过程提供了材料的结构与成分，结构与成分使材料具备一定的性质，材料具有一定的性质才产生使用性能。

二、材料制备涉及过程及学科

材料制备涉及冶金过程(冶金物理学)、熔炼与凝固(凝固学理论)、粉末烧结(烧结原理)、高分子聚合(聚合反应)等知识。

1. 冶金过程

冶金是基于矿产资源的开发利用和金属材料生产加工过程的工程技术，目的是从原料中提取出金属。金属材料的制备主要有钢铁冶炼、有色金属冶炼等。冶炼方法主要有火法冶金、湿法冶金、电冶金等。

2. 熔炼与凝固

熔炼与凝固的目的是使金属得到精炼与提纯、材料的“合金化”、晶体的生长。

熔炼与凝固包含平衡凝固、快速凝固、定向凝固、区域熔炼、玻璃的熔炼、熔融法提拉单晶等。

3. 粉末烧结

粉末烧结的一般工艺：制粉→物料准备→成型→烧结。

烧结方法主要有单元系烧结、多元系烧结、固相烧结、液相烧结、热压(热等静压)、烧结后处理等。

4. 高分子聚合

高分子聚合的目的是实现小分子发生化学反应，相互结合形成高分子，高分子聚合是人工合成三大类高分子材料(塑料、橡胶、合成纤维)的基本过程，主要合成方法有本体聚合、乳液聚合、悬浮聚合、溶液聚合等。

三、材料加工

1. 材料加工的主要方法

① 切削：车、铣、刨、磨、切、钻。

② 成型：铸造、拉、拔、挤、压、锻。

③ 改性：合金化、热处理。

④ 连接：焊接、黏结。

2. 材料的合成与加工

材料的成型(成形)：三大类材料的成型技术在材料工程中是内容最为丰富的一部分。如果按材料的流变特性来分析，则材料的成型方法可分为三种：

① 液态成型：金属的铸造、溶液纺丝。

② 塑变成型：金属的压力加工。

③ 流变成型：金属、陶瓷、高分子成型。

3. 材料的改性

材料改性的目的是通过改变材料的成分、组织与结构来改变材料的性能，包含材料的“合金化”、材料的热处理等。

① 材料的“合金化”：通过改变材料的成分，达到改变材料性能的方法。这种方法在金

属材料和现代高分子材料的改性方面有广泛的应用。

② 材料的热处理:通过一定的加热、保温、冷却等工艺来改变材料相的组成,达到改变材料性能的方法。这种方法在金属材料和现代陶瓷材料的改性方面有广泛的应用。典型热处理工艺有淬火、退火、回火、正火等。

4. 材料的连接

材料的连接目的是实现材料间的整体结合,包含焊接、铆接、粘接等。

5. 表面工程

表面改性的目的是改变材料表面的性质,包含三束表面改性、化学表面改性(化学热处理)、表面淬火等。

从工艺机理上分析,表面改性同整体材料的改性是相同的,即在表面实现材料的成分、组织与结构的变化,达到改变材料表面性能的目的。不同点就是采用了特殊的能量输入方式,使能量作用效果或成分变化仅发生在表面。

① "三束"表面改性:即用激光束(组织变化)、电子束(组织变化)、离子束(成分、组织变化)进行表面改性。其中,激光束和电子束能够产生非晶化、均匀化、细晶化作用。

② 化学表面改性:改变材料表面的化学成分,如化学渗入。

③ 表面淬火:淬火分为高频淬火、火焰淬火。高频淬火是电磁能→集肤电流→表面热能;火焰淬火是气体化学反应→表面热能。以上两种淬火热处理后组织改变会引起性能改变。

6. 表面腐蚀与防护

腐蚀种类包含大气腐蚀、海水腐蚀、工业介质腐蚀等。腐蚀都是化学反应的结果。腐蚀的防护一般有主动防护和被动防护。主动防护一般采取合金化、非晶化、高纯度、抗蚀材料等措施。被动防护一般有表面涂膜、表面改性、表面钝化、电化学保护等措施。

7. 材料复合

材料复合方法主要有金属基复合、陶瓷基复合、高分子复合。材料复合的主要目的就是依据不同材料性能的"优势互补、协调作用"的原则进行材料的设计与制备,因此材料复合的过程就是材料制备、改性、加工的统一过程。复合材料的制备过程融合了金属、陶瓷、高分子材料制备的基本原理。目前材料科学的发展,复合的概念越来越重要,出现了许多新型的复合材料及制备方法。

现代材料的制备与加工不仅涉及微观和宏观范围内的内容,同时也涉及更微细化甚至达到了原子尺度范围上的问题。

我国与工业发达国家在材料加工方面仍存在很大差距,因此提高材料合成与加工的技术水平是一个重要的课题。

四、材料的成型

把原料经过物理和化学变化而变成工程上有用原材料的工艺技术叫作材料的成型。

其包含液态金属的铸造成型、固态金属的塑性成型、金属材料的焊接成型和高分子材料成型。材料成型工艺是现代化工业生产的技术基础,其生产能力及工艺水平对国家的工、农、国防和科学技术的发展有重大影响。

材料成型工艺在农用机械、工程机械、动力机械、石油化工机械、桥梁、冶金、机床、航空航天、兵器、仪器仪表、轻工和家用电器等制造业中起着极为重要的作用，是实现这些行业中铸件、锻件、钣金件、焊接件、塑料件和橡胶件等生产的主要方式和方法。

第二节　材料的制备(合成)与成型工艺

一、金属材料的制备与成型

金属材料是现代化工业的基础。金属材料在工业上分为两大类——黑色金属和有色金属。

① 黑色金属：铁、铬、锰及其合金。

② 有色金属：其他金属及其合金(铜、铝、锡、锌、镁等)。

金属材料的制备流程：粗制金属→精制金属→加工→装配。

绝大多数金属元素(除 Au、Ag、Pt 外)都以氧化物、碳化物等化合物的形式存在于地壳之中。因此，要获得各种金属及其合金材料，必须首先通过各种方法将金属元素从矿物中提取出来，接着对粗炼金属产品进行精炼提纯和合金化处理，然后浇注成锭、加工成型，才能得到所需成分、组织和规格的金属材料。

金属的冶金工艺可以分为火法冶金、湿法冶金、电冶金以及粉末冶金等。

1. 火法冶金

① 火法冶金是指利用高温从矿石中提取金属或其化合物的方法。火法冶金工艺过程：矿石准备(选矿、焙烧球化或烧结)→矿石冶炼(金属化合物的还原)→精炼提纯(除去杂质、提纯金属)。

② 炼铁：将铁矿石、燃料(焦炭)、溶剂(石灰石)加入高炉，经过高温锻烧及铁矿石与高炉煤气(CO)的一系列化学反应，产生铁水。

③ 炼钢：炼钢过程基本是一个降碳去杂质的氧化过程。高温下生铁中碳被氧化成 CO 而排出(钢的含碳量低于 2.11%)。一部分铁氧化成 FeO 并与硅、锰反应生成 MnO、SiO_2 浮在钢液上，可加入炉渣被排除。

2. 湿法冶金

① 湿法冶金是指利用一些化学溶剂的化学作用，在水溶液或非水溶液中进行包括氧化、还原、中和、水解和络合等反应，对原料、中间产物或二次再生资源中的金属进行提取和分离的冶金过程。

② 湿法冶金工艺过程：离子浸取→固液分离→溶液富集→金属或化合物提取。

③ 铜的湿法冶炼：铜矿(添加溶剂进行溶解)→铜离子→(采取置换法、电沉积法、氢还原法)→铜。

目前，湿法冶炼的发展出现新的契机，基于环保的要求，湿法冶炼的地位正在显示出不可取代的作用。

3. 电冶金法

① 电冶金法是指利用电能从矿石或其他原料中提取、回收、精炼金属的冶金过程。

② 电冶金法可分为水溶液电解和熔盐电解。水溶液电解：应用水溶液电解精炼金属的一种冶金方法。熔盐电解：直接利用高导电率、低熔点的熔盐作为电解质在熔池中进行

电解。

二、无机非金属材料的制备与成型

无机非金属材料包括陶瓷、玻璃、耐火材料、砖瓦、水泥、石膏、单晶硅等。

1. 陶瓷

① 陶瓷制备工艺:原料制备→坯料成型→高温烧结。

② 原料制备:黏土、石英、长石经拣选、破碎、配料、混合、磨细,得到符合要求的坯料(可塑泥料、粉料、浆料)。

③ 坯料成型:塑性料成型、浆料成型、粉料成型、固体成型。

④ 制品烧结:在高温下,陶瓷生坯固体颗粒相互键联,晶粒长大,空隙(气孔)和晶界渐趋减少,通过物质的传递,其总体积收缩,密度增加,最后成为具有某种显微结构的致密多晶烧结体。

2. 玻璃

① 原料制备:石英砂、硼砂、长石等主要原料经干燥、破碎、粉碎、过筛、除铁,得到符合要求的坯料。

② 熔制:硅酸盐形成→玻璃形成→玻璃液澄清→玻璃液均化→冷却。

③ 加工成型:吹制成型、压制成型、拉制成型。

④ 玻璃的主要成分是二氧化硅,与一般陶瓷不同,玻璃具有独特的工艺性能。熔融的玻璃在固化时,没有明显的凝固点,也没有体积的突变,材料的黏度连续变化,液态流动性很好,因而可以进行吹制成型,也可以像金属一样进行铸造、轧制、拉丝和挤压。

三、高分子材料的合成与成型

高分子材料分为天然高分子材料和合成高分子材料。

1. 高分子材料的合成

① 加聚反应:一种或多种单体通过加成反应,相互结合成高分子化合物的反应。

② 缩聚反应:一种或多种单体,含有两个或多个官能团,进行相互缩合成为高分子化合物的反应。

2. 高分子材料的成型

① 压制成型:物料→计量→预热、预压→加料→闭模→排气→保压固化→脱模→制品后处理。

② 挤出成型:物料→预热、干燥→加料→调整→挤出→定型→冷却→收取→制品后处理。

③ 注射(注塑)成型:物料→预热、干燥→加料→塑化→注射充模→保压→凝封→退柱塞→冷却固化→脱模→后处理。

④ 压延成型:借助于辊筒间强大的剪切力,并配以相应的加工温度,使黏流态的物料多次受到挤压和延展作用,最终成为具有宽度和厚度的薄片制品的一种加工方法。

四、金属材料的加工工艺

材料加工就是把材料制备成具有一定形状、尺寸和性能的制品的过程,主要指材料的成型加工、内部组织结构的控制以及表面处理等。金属材料、无机非金属材料、高分子材料的成型方法各具特色。表4-1列出了金属材料、无机非金属材料、高分子材料的主要成型方法，每种材料采用哪一种成型方法，应根据其自身的成型特性、制品性质及经济上的合理性等因素来取舍。

表4-1 材料的主要成型方法

类型	品种	成型方法
金属材料	黑色与有色金属	浇铸(铸造)成型、锻造成型、冲压成型、轧制、挤压、拔制、超塑性成型、粉末冶金、焊接(连接成型)等
无机非金属材料	陶瓷	可塑成型(挤压成型、车坯成型、旋坯成型、滚压成型)、注浆成型(空心注浆、实心注浆、压力注浆、离心注浆、真空注浆、热压注、流延法)及压制成型等
	玻璃	人工成型(人工吹制、自由成型、人工拉制等)、机械成型(压制法、吹制法、拉制法、压延法、浇铸法、烧结法等)
	水泥	注浆
高分子材料	橡胶	压制、压延、压出、浸渍、浇铸、涂层等
	塑料	注塑、压制、压延、挤出、中空成型、热成型、浇铸、搪塑、浸渍、真空成型、泡沫塑料成型、烧结等
	纤维	熔体纺丝、干法纺丝、湿法纺丝等
	复合材料	手糊成型、模压成型、缠绕成型、挤出及注射成型等

注：本表中复合材料成型方法仅列出树脂复合材料的成型方法。

1. 金属材料加工工艺

金属材料加工工艺：铸造、锻压、焊接、热处理、机加工(机械制造)。

2. 铸造

铸造是将金属熔化成液体，浇注到具有与零件形状相近似的铸型空腔内，待其冷却、凝固后获得铸件的工艺方法。铸造的工艺流程如下：金属(熔化)→液体(浇注)→铸型(冷凝)→铸件，如图4-2所示。

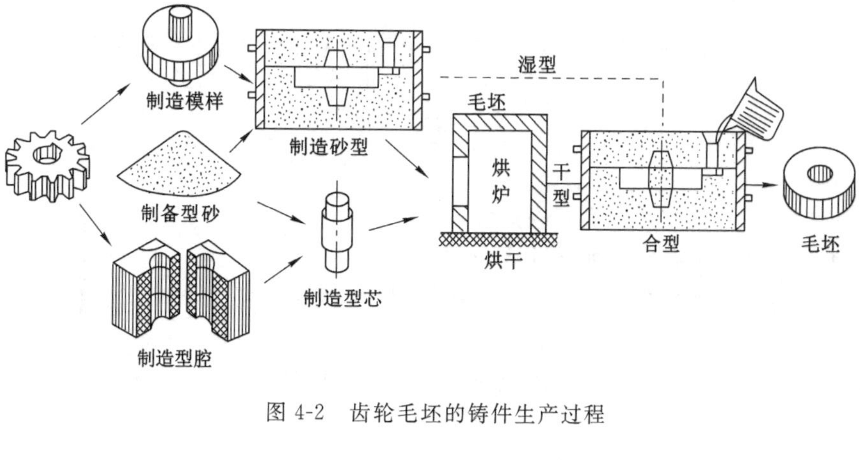

图4-2 齿轮毛坯的铸件生产过程

铸造生产在工业发达国家的国民经济中占有极其重要的地位。从铸件在机械产品中所占的比重可看出其重要性：在机床、内燃机、重型机器中，铸件一般占70%～90%；在风机、压缩机中，铸件一般占 60%～80%；在拖拉机中，铸件一般占 50%～70%；在农业机械中，铸件一般占 40%～70%；在汽车中，铸件一般占 20%～30%。

3. 锻压

锻压是利用外力使金属坯料产生塑性变形，获得所需尺寸、形状及性能的毛坯或零件的加工方法。黑色金属和大多数有色金属都具有一定的塑性，均可在冷态或热态下进行变形加工。

锻压的工艺流程如下：钢锭或钢板→加热→锻造→退火或缓冷（机械加工→热处理）→材料试验→机械加工→检验→制品，如图 4-3 所示。

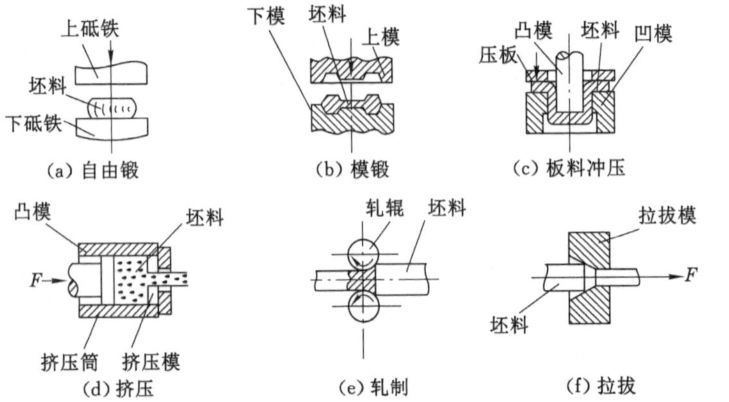

图 4-3　锻压的工艺流程

4. 焊接

焊接是使两个分离的固态物质借助于原子间结合力而连接在一起的连接方法。焊接有熔化焊、压力焊和钎焊等。

① 熔化焊：利用热源，将焊件接头熔化，并加入填充金属，凝固后彼此焊合在一起。

② 压力焊：加热或不加热，接头受压力作用产生塑性变形，使原子间产生结合力（组成新的晶格），将两工件连接起来。

③ 钎焊：接头只加热不加压，焊件不熔化，钎料加热到熔化状态扩散到接头中去。

思　考　题

1. 高分子有哪三种力学状态？各有什么特点？

2. 简述金属功能材料的功能设计方法。

3. 你认为材料工作者需要具备什么样的条件？你认为哪些方面是新技术、新材料的代表？

4. 材料的四大要素是什么？叙述材料四大要素之间的关系。

第五章 金属材料

第一节 概 述

金属材料具有悠久的历史和广泛的应用，是资源枯竭与新材料崛起的象征。金属材料分黑色金属材料和有色金属及其合金。黑色金属材料包含碳素钢、低合金钢、铸铁。有色金属及其合金包括铝及铝合金、铜及铜合金、钛及钛合金、轴承合金。

金属材料最初主要做成日用品、武器、装饰品以及手工艺品，产业革命后被广泛用来生产各种工业产品及工具。今天，在日常生活和工业生产中能接触到的，小到锅、勺、刀、剪子等，大到机器设备、交通工具、大型建筑物等，哪一样都离不开金属。金属材料已成为工农业生产、人民生活和国防建设的重要物质基础。有人将金属的生产和使用作为衡量一个国家工业水平的标志。钢铁是经济产业的基本支柱，主要用于铁路、建筑、桥梁、汽车工业等领域。

金属材料常温下为固体（Hg 除外）；熔点一般较高，但也有较低的，如 Sn、Pb、Zn、Al 等；密度较大（Mg、Al 除外）；有光泽；延展性、韧性、可加工性好；导热性、导电性好，如 Ag、Cu、Al；易氧化。

金属材料的性能：光学性能——金属光泽，良好的反射能力，良好的不透明性；力学性能——很高的强度，良好的延展性；电学性能——良好的导电性；热学性能——良好的导热性；工艺性能——良好的表面装饰性能。

金属材料具有成熟的生产工艺、相当多的生产设施及相当大的生产规模；具有优越的综合性能，以及比高分子材料高得多的弹性模量，比陶瓷高得多的韧性；具有优异的导电性和磁性；相当长时期内资源不至枯竭，大多数金属矿物能满足几百年的需要；低品位矿石更具有开采价值；海水中、地壳深处有大量金属矿物；具有优越的性价比。

第二节 黑色金属材料

黑色金属是以铁、铬、锰为基的金属材料，一般有生铁、钢（碳素钢、合金钢）、铸铁。按碳含量的不同，钢铁材料分为工业纯铁、钢、铁。工业纯铁是含碳量小于 0.021 8%的铁碳合金，其延展性好、强度和硬度低，一般不用于结构材料，除供研究外还用于制造电磁材料，如电动机铁芯等。钢是以铁为主要元素，碳含量一般在 0.021 8%～2.11%之间，并含有其他元素的材料，分为碳素钢和合金钢。铁是碳含量大于 2.11%的铁碳合金，大部分用于炼钢，少部分用于生产铸铁件。

一、碳素钢

碳素钢又称为碳钢，是含碳量小于2.11%的铁碳合金，具有较好的机械性能，能满足工业上的一般使用要求，同时工艺性能也较好，容易加工，冶炼方便，因此得到了广泛的应用。据统计，碳钢产量约占工业用钢总量的80%～90%，在工业用金属材料中占有重要地位。碳素钢中的合金元素含量和分类见表5-1和表5-2。

表5-1 碳素钢中合金元素含量

合金元素	Cr	Mn	Mo	Ni	Si	Ti	W	V
最大含量/%	0.30	1.00	0.05	0.30	0.50	0.05	0.10	0.04

表5-2 碳素钢按成分分类

低碳钢	中碳钢	高碳钢	普通质量钢	优质钢	高级优质钢
$w_C \leqslant 0.25\%$	$w_C = 0.25\% \sim 0.60\%$	$w_C > 0.60\%$	$w_S \leqslant 0.050\%$ $w_P \leqslant 0.045\%$	$w_S \leqslant 0.035\%$ $w_P \leqslant 0.035\%$	$w_S \leqslant 0.020\%$ $w_P \leqslant 0.030\%$

碳素钢按用途可分为碳素结构钢、优质碳素结构钢、碳素工具钢、铸造碳钢。按脱氧方式（或程度）可分为沸腾钢和镇静钢。

沸腾钢是脱氧不完全的钢。沸腾钢含碳量低、含硅量高，表层纯净、致密，表面质量好，加工性能好。沸腾钢没有大的集中缩孔，成本低，一般芯部杂质多，偏析较严重，钢中气体含量较多，力学性能不均匀，韧性低，冷脆、失效敏感性大，焊接性能较差。

镇静钢是脱氧完全的钢。镇静化学成分均匀，各部分的机械性能也均匀，焊接性能和塑性良好，抗腐蚀性较强，但表面质量较差，有集中缩孔，成本也较高。

1. 碳素结构钢

碳素结构钢碳含量$w_C = 0.06\% \sim 0.38\%$，一般不做热处理，直接使用。碳素结构钢有工字钢、角钢、槽钢，其主要牌号及应用见表5-3。

表5-3 碳素结构钢主要牌号及应用

牌号	Q195	Q215	Q235	Q255	Q275
主要应用举例	受载荷较小的钢丝、开口销、钉子、拉杆、焊接件	铆钉、短轴、拉杆、垫圈、渗碳件、焊接件	连杆、螺栓、螺母、轴类支架、角钢、槽钢、工字钢、圆钢、重要的焊接件	轴类、吊钩、型钢	轴、齿轮

2. 优质碳素结构钢

优质碳素结构钢含碳量$w_C = 0.05\% \sim 0.75\%$，一般用正火、调质、淬火、回火、渗碳处理。优质碳素结构钢有带钢、板钢、棒钢、钢管，其主要牌号、性能特点及应用见表5-4。

表 5-4　优质碳素结构钢主要牌号、性能特点及应用

牌号	08F、10	15、20、25 （碳素渗碳钢）	30、35、40、45、50 （碳素调质钢）	55、60、65、65Mn （碳素弹簧钢）
性能特点	强度低、塑性好	强度较低、塑性韧性较好，渗碳后可获得表面硬度高而芯部韧性好的零件	强度、塑性、韧性配合较好，经调质后可获得优良的综合力学性能	强度高、塑性低，淬火中温回火处理后有较好的弹性
应用举例	冷冲压件、焊接件	负载不大的轴、销、齿轮、垫片及渗碳件	轴类、齿轮、紧固件、要求不高的表面淬火件	简单的耐磨件、简单的弹簧、钢丝绳等

3. 碳素工具钢

碳素工具钢含碳量 $w_C=0.65\%\sim1.35\%$，常用热处理工艺有球化退火、淬火、低温回火，主要牌号有 T7、T8、T9、T10、T11、T12、T13，热处理后硬度、耐磨性高，塑性、韧性低，淬透性差。主要应用于小截面刃具、量具、模具等。

4. 铸造碳钢

铸造碳钢含碳量 $w_C=0.15\%\sim0.60\%$，主要牌号有 ZG200-400、ZG230-450、ZG270-500、ZG310-570、ZG340-640，主要应用于形状复杂、力学性能要求高、选用铸铁难以满足要求的零件。

二、合金钢

合金钢由碳钢及一种或多种合金元素组成。

合金钢按所含合金元素多少分为低合金钢（总质量分数低于 5%）、中合金钢（总质量分数 5%～10%）、高合金钢（总质量分数高于 10%）。按主要合金元素种类分为铬钢、锰钢、铬镍钢、硅锰钢。按用途分为结构钢、工具钢、特殊性能钢。

合金钢又可以分为合金结构钢、合金工具钢和特殊性能钢。合金结构钢可分为机器结构钢（调质钢、渗碳钢、弹簧钢、轴承钢、易切削钢）和工程结构钢（低合金结构钢、造船用钢、锅炉用钢、耐候钢）；合金工具钢有刃具钢、模具钢、量具钢之分；特殊性能钢可分为高强度钢、耐蚀钢、耐热钢、耐磨钢等。

1. 工程结构钢

工程结构钢分为低合金结构钢、造船用钢、锅炉用钢、耐候钢。其低含碳量（<0.2%），可根据不同要求添加不同合金元素，但总量少于 3%。性能要求有一定的综合力学性能和屈强比、良好的压力加工和焊接性能以及耐候性和耐冷脆性。一般主要应用于建筑、船舶、桥梁、运输工具、高压容器、军工。我国几种低合金高强度钢的用途见表 5-5。

表 5-5　低合金高强度钢的用途

级别	牌号	用途
300 MPa	12Mn	船舶、低压锅炉、容器、油罐
	09MnNb	桥梁、车辆

表5-5(续)

级别	牌号	用途
350 MPa	16Mn	船舶、桥梁、车辆、大型容器、大型钢结构、起重机械
	12MnPRe	建筑结构、船舶、化工容器
400 MPa	16MnNb	桥梁、起重机
	10MnNbRe	港口工程结构、造船、石油井架
450 MPa	14MnVTiRe	桥梁、高压容器、电站设备、大型船舶
	15MnVN	大型焊接结构、大桥、造船、车辆
500 MPa	14MnMoVBRe	中温高压容器(<500 ℃)
	18MnMoNb	锅炉、化工、石油的高压厚壁容器(<500 ℃)
650 MPa	14CrMnMoVB	中温高压容器(400～560 ℃)

2. 合金调质钢

合金调质钢为机器结构钢,强度及韧性等综合性能较好。

合金调质钢含碳量 w_C=0.30%～0.50%,添加 Cr、Ni、Mn、Si 可增加淬透性,进行固溶强化,添加少量 Mo、W、V 等细化晶粒可提高回火稳定性。合金调质钢有着优良的综合力学性能和良好的淬透性,一般用于轴、杆类零件以及齿轮、链条等。合金调质钢主要热处理工艺为淬火+高温回火→调质处理。常用合金调质钢的牌号及用途见表 5-6。

表 5-6　合金调质钢的牌号及用途

牌号	40Cr	40MnB	35CrMo	40CrNi	40CrNiMoA	40CrMnMo	45CrNiMoVA
用途	轴类、连杆螺栓、进气阀、重要齿轮等	中小截面调质件	大截面齿轮、重型传动轴、大电机主轴等	强度高、韧性好的零件,如轴、齿轮、链条	大截面受冲击零件,如偏心轴、曲轴等	大截面重负荷齿轮、轴等	高强度高弹性零件,如车辆扭力轴

3. 合金渗碳钢

合金渗碳钢含碳量 w_C=0.10%～0.25%,添加 Cr、Ni、Mn、B 可增加淬透性,进行固溶强化,添加少量 Mo、W、V、Ti 等可形成稳定碳化物、细化晶粒。合金渗碳钢表面有着良好的耐磨性和高强度、高硬度,芯部有良好的韧性,一般用于轴、齿轮、蜗杆、活塞销等。其主要热处理工艺为渗碳+淬火+低温回火。常用合金渗碳钢的牌号及用途见表 5-7。

表 5-7　合金渗碳钢的牌号及用途

牌号	20CrMnTi	20MnTiB	20Cr2Ni4	18Cr2Ni4WA	20CrMn	20Mn2	20Cr
用途	汽车、拖拉机工业 30 mm 直径以下的高速、中重载冲击磨损件,如变速箱齿轮	汽车、拖拉机上小截面、中等负荷齿轮	传动齿轮、轴、万向叉	大齿轮、花键轴、曲轴	齿轮、轴、蜗杆、活塞销、摩擦轮	小齿轮、小活塞销	小齿轮、小轴、活塞销

4. 合金弹簧钢

合金弹簧钢含碳量 w_C=0.50%～0.70%,添加 Cr、V、Mn、Si 可增加淬透性,进行固溶强化，提高回火稳定性。合金弹簧钢有着高弹性极限、屈强比和良好的综合力学性能、高疲劳强度，一般用于弹簧等。其主要热处理工艺为淬火＋中温回火，可获得回火索氏体组织。常用合金弹簧钢的牌号及用途见表 5-8。

表 5-8 合金弹簧钢的牌号及用途

牌号	65Mn	60Si2Mn	55CrMnA	60Si2CrVA	50CrVA	30W4Cr2VA
用途	大尺寸的各种弹簧	车辆板簧、螺旋弹簧、安全阀用弹簧，工作温度低于 250 ℃的耐热弹簧	大尺寸板簧、螺旋弹簧	高载荷耐冲击弹簧、工作温度低于 250 ℃的耐热弹簧	大截面高应力螺旋弹簧，工作温度低于 300 ℃的耐热弹簧	500 ℃下工作的弹簧、锅炉安全阀用的弹簧

5. 滚动轴承钢

滚动轴承钢含碳量 $w_C = 0.90\% \sim 1.10\%$，添加 Cr 可提高淬透性，细化碳化物。滚动轴承轴一般有着高硬度、高耐磨性，良好的综合力学性能，高接触疲劳强度和弹性极限，一般用于轴承的滚珠、滚针、套圈及某些工具、量具、模具。其主要热处理工艺为正火、球化退火、不完全淬火、低温回火、冷处理。常用滚动轴承钢的牌号及用途见表 5-9。

表 5-9 滚动轴承钢的牌号及用途

牌号	GCr9	GCr15	GSiMnV	GSiMnMoV	GCr6	GCr15SiMn
用途	较小尺寸轴承件	大型机械轴承，高耐磨、高疲劳轴承	汽车、拖拉机、轧钢机用轴承	汽车、拖拉机、轧钢机用轴承	小尺寸轴承件	大型机械轴承，高耐磨、高疲劳轴承

6. 合金工具钢

合金工具钢的分类及性能见表 5-10。

表 5-10 合金工具钢的分类及性能

分类	合金刃具钢		合金模具钢		合金量具钢
	低速刃具钢	高速钢	冷作模具钢	热作模具钢	
性能要求	高硬度，高耐磨性，高红硬性，适当的强度、韧性	高强度，高硬度，高耐磨性，足够的韧性	高强度，高硬度，高耐磨性，足够的韧性、抗热疲劳性、抗氧化性、导热性	高强度，高硬度，高耐磨性，高组织稳定性	高硬度，高耐磨性，高红硬性，适当的强度、韧性
最终热处理及组织	淬火＋低温回火＋合金碳化物	淬火＋560 ℃三次回火＋合金碳化物	淬火＋低温回火＋合金碳化物	淬火＋高温回火	淬火＋低温回火＋深冷处理

注意：含碳量用千分数表示，$w_C > 1.0\%$时不标注，高速钢不标注含碳量。

7. 特殊性能钢

特殊性能钢的性能要求及成分特点见表 5-11。

表 5-11　特殊性能钢的性能要求及成分特点

分类	超高强度钢	耐磨钢	易削钢	耐热钢	耐蚀钢(不锈钢)
性能要求	高强度,合适的塑性,高疲劳强度,一定的冲击韧性和断裂韧性	承受严重冲击和摩擦	良好切削性	热强性,抗氧化性	耐腐蚀
主要种类或成分特点	低合金中碳马氏体型,中合金中碳二次硬化型,中合金低碳马氏体型,高合金超低碳马氏体时效钢	高锰铸钢(受冲击载荷后表面产生严重加工硬化)	加 S、Se、Te 等可改变非金属夹杂物的组成、性能;加 Pb 可形成金属夹杂	奥氏体耐热钢,铁素体耐热钢,马氏体耐热钢,珠光体耐热钢	奥氏体不锈钢,铁素体不锈钢,马氏体不锈钢

8. 铸铁

铸铁的含碳量 $w_C > 2.11\%$,通常还含有较多的 Si、Mn、S、P 等元素。铸铁是工程上最常用的金属材料之一,广泛应用在机械制造、冶金、采矿、石油化工、交通等领域,在机床制造中占 60%～90%。铸铁的生产设备和工艺简单,价格便宜。碳在铸铁中以间隙固溶、化合态的渗碳体、游离态的石墨等形式存在。

根据碳在铁中的存在形式和断口颜色分为白口铸铁(渗碳体,白亮色)、麻口铸铁(渗碳体+游离石墨)、灰口铸铁(游离石墨,暗灰色)。根据石墨形态可分为灰铸铁(片状)、球墨铸铁(球状)、可锻铸铁(团絮状)和蠕墨铸铁(蠕虫状)。

第三节　有色金属及其合金

一、有色金属及其合金概念

除钢铁材料以外的金属材料统称为有色金属。常见的有铝及铝合金、铜及铜合金、钛及钛合金、镁及镁合金。有色金属应用最广泛的是铝、铜及其合金。

二、铝及铝合金

1. 纯铝

纯铝分为高纯度铝(化学纯铝,纯度达 99.99%)和工业纯铝。铝为纯白色、质轻、密度小,是轻金属之一,导电、导热性能良好,导电性仅次于银和铜,抗大气腐蚀性能好,塑性好,强度、硬度较低。铝及铝合金的用途见表 5-12。

表 5-12　铝及铝合金的用途

名称	纯度	用途
高纯铝	99.93%～99.99%	科学研究、制作电器
工业高纯铝	98.85%～99.9%	铝箔、铝合金原料
工业纯铝	98.0%～99.0%	电线、电缆、配置合金

纯铝的强度很低,不能用作结构材料,但是可以通过做铝合金来实现其结构性能。在纯铝中加入适量的硅、铜、镁、锌、锰等合金元素可制成铝合金。铝中加入合金元素后,可提高合金的强度,并保持良好的加工性能,可通过固溶强化、时效强化、弥散强化、细晶强化等方式提高铝合金的强度。

铝合金按其成分和生产工艺特点的不同,可分为变形铝合金和铸造铝合金两大类。

2. 铝合金

硬铝(LY):铝-铜-镁系合金。硬铝经过适当的热处理后,强度、硬度较高,耐蚀性不如纯铝,常用于制造飞机零部件及仪表零件。

超硬铝(LC):铝-铜-镁-锌系合金。通过适当的热处理后,强度、硬度较高,是铝合金中强度最高的,主要用于制造飞机上受力较大的结构件,如飞机大梁。

锻铝(LD):铝-铜-镁-硅系合金。力学性能与硬铝相近,但具有较好的锻造性能,主要用于制作航空仪表中形状复杂、要求强度高的锻件。

铸造铝合金(ZL):力学性能不如变形铝合金,铸造性能好,一般制作质轻、耐蚀、形状复杂及要求有一定力学性能的零件,如发动机的活塞、气缸体、仪表外壳等。

三、铜及铜合金

铜及铜合金具有优良的物理、化学性能,导电、导热性能好,耐腐蚀,同时还是抗磁材料,加工性能也好。铸造铜合金铸造性能好,具有某些特殊力学性能,如优良的减摩性和耐磨性、高的弹性极限和疲劳强度,色泽美观。

1. 纯铜

纯铜是玫瑰红色金属,表面氧化后外观呈紫红色,俗称紫铜,又名电解铜,具有良好的导电性、导热性、耐蚀性,强度不高,硬度很低,塑性较好,易于冷、热压力加工,主要用于制作导电材料及配制铜合金的原料。牌号为 T1、T2、T3、T4,数字越大,表示杂质含量越高。

2. 铜合金

铜中加入合金元素后,可提高合金的强度,并保持良好的加工性能。铜合金的种类有黄铜、青铜、白铜。黄铜:以 Zn 为主要合金元素,具有良好的加工性能、优良的铸造性能,耐腐蚀性能也好。青铜:以 Sn 为主要合金元素,主要用于铸造形状复杂的零件,抗腐蚀性比黄铜还好。白铜:以 Ni 为主要合金元素,具有较好的强度和塑性,能进行冷加工变形,抗腐蚀性能也好。

四、钛及钛合金

1. 纯钛

纯钛熔点 1 668 ℃,密度 4.5 g/cm^3,高耐腐蚀性、高比强度、低比重、无磁性。温度低于 882.5 ℃为密排六方结构,即 α-Ti;温度高于 882.5 ℃为体心立方结构,即 β-Ti。纯钛的密度低,熔点高,线膨胀系数小,导热性差,塑性好,强度高,可以加工成细丝和薄片,在大气、海水及酸碱中的抗腐蚀性能好。自 1952 年正式作为结构材料使用以来发展极为迅速,在航空工业和化学工业中得到了广泛的应用。

2. 钛合金

钛合金分为 α-钛合金、β-钛合金、α+β-钛合金。α-钛合金是在钛中加铝、硼而获得的,其强度较低，但高温(500～600 ℃)强度很高，抗氧化性、抗蠕变性、焊接性能良好。β-钛合金是在钛中加钼、铬、钒而获得的，其强度高、冲压性能好，并可通过淬火和时效获得强化。α+β-钛合金塑性好，容易锻造、压延和冲压，可通过固溶和时效进行强化，热处理后的强度可提高 50%～100%。应用最广泛的是多用途的 α+β 型 Ti-6A1-4V 合金。

五、镁及镁合金

镁及镁合金比重小，约为铝的 2/3、铁的 1/4；比强度高，比铝合金高 50 MPa，是碳钢的 2 倍；减震性好，阻尼性优于铸铁；抗冲击性优于铝合金和软钢；切削性好，切削力为铝和软钢的 1/2；电磁屏蔽优良，可屏蔽频率范围较广；易再生利用；可节约资源、保护环境。镁合金在常用工程金属材料中密度最小，为 1.8 g/cm^3，约为铝合金的 2/3、钛合金的 1/3、钢的 1/4。

镁合金有变形镁合金(MB)和铸造镁合金(ZM)，牌号有 AZ31、AZ61、AZ91。

思 考 题

1. 请列出你所知道的金属材料的特点。
2. 请列出你所知道的金属材料的性能。
3. 请把各空填写完整：

(1) 熔点最高的金属是(　　　　　)。
(2) 熔点最低的金属是(　　　　　)。
(3) 硬度最大的金属是(　　　　　)。
(4) 密度最大的金属是(　　　　　)。
(5) 密度最小的金属是(　　　　　)。
(6) 地壳中含量最多的金属是(　　　　　)。
(7) 人类冶炼最多的金属是(　　　　　)。
(8) 人体中含量最高的金属是(　　　　　)。
(9) 导电、导热性最好的金属是(　　　　　)。

第六章　无机非金属材料

无机非金属材料是指某些元素的氧化物、碳化物、氮化物、硼化物、硫系化合物和硅酸盐、钛酸盐、铝酸盐、磷酸盐等含氧酸盐为主要组成的无机材料(如宝石、陶瓷、水泥、玻璃等),是除有机高分子材料和金属材料以外所有材料的统称。无机非金属材料是20世纪40年代以后,随着现代科学技术的发展从传统的硅酸盐材料演变而来的,是与有机高分子材料和金属材料并列的三大材料之一。

传统无机非金属材料有水泥、玻璃、陶瓷等。新型无机非金属材料有光导纤维、新型陶瓷、新型玻璃等。

第一节　硅酸盐水泥

一、硅酸盐水泥概述

加入水后成塑性浆体,能在空气和水中硬化,并能胶结砂、石等材料的细粉状水硬性胶凝材料称为水泥。按矿物组成可分为硅酸盐水泥、铝酸盐水泥、硫铝酸盐水泥、氟铝酸盐水泥、火山灰水泥等。按用途可分为通用水泥、专用水泥、特性水泥。

1. 硅酸盐水泥熟料

硅酸盐水泥是以硅酸钙为主要成分的熟料所制得的水泥的总称,也叫波特兰水泥。根据掺加混合材料量可分为三类:Ⅰ型硅酸盐水泥(P.Ⅰ)、Ⅱ型硅酸盐水泥(P.Ⅱ)和普通硅酸盐水泥(P.O)。根据掺入的混合材料,硅酸盐水泥名称前冠以混合材名称,如矿渣硅酸盐水泥、火山灰质硅酸盐水泥、粉煤灰硅酸盐水泥。

2. 硅酸盐水泥的成分

① 硅酸盐水泥熟料:以适当成分的生料烧至部分熔融所得以硅酸钙为主要成分的产物,简称熟料。

② 石膏。

③ 活性与非活性混合材料:分别指符合或低于GB/T 1596标准要求的粉煤灰、符合GB/T 2847标准要求的火山灰质混合材料和符合GB/T 203标准要求的粒化高炉矿渣。

④ 窑灰。GB 175规定,允许不超过水泥质量8%的质量合格的窑灰作为混合材在水泥生产中应用。

二、硅酸盐水泥生产工艺

硅酸盐水泥的原料:石灰石、黏土(目前以粉煤灰、页岩代替)、铁粉、煤粉、矿化剂等。石灰石主要提供CaO成分,黏土主要提供Al_2O_3、SiO_2成分,铁粉提供Fe_2O_3成分等。新型干法水泥生产工艺是当今水泥工业最主要的生产工艺，其核心的生产工艺是“两磨一烧”，即生料粉磨、熟料煅烧和冷却、水泥粉磨。现代水泥生产工艺流程图如图 6-1 所示。

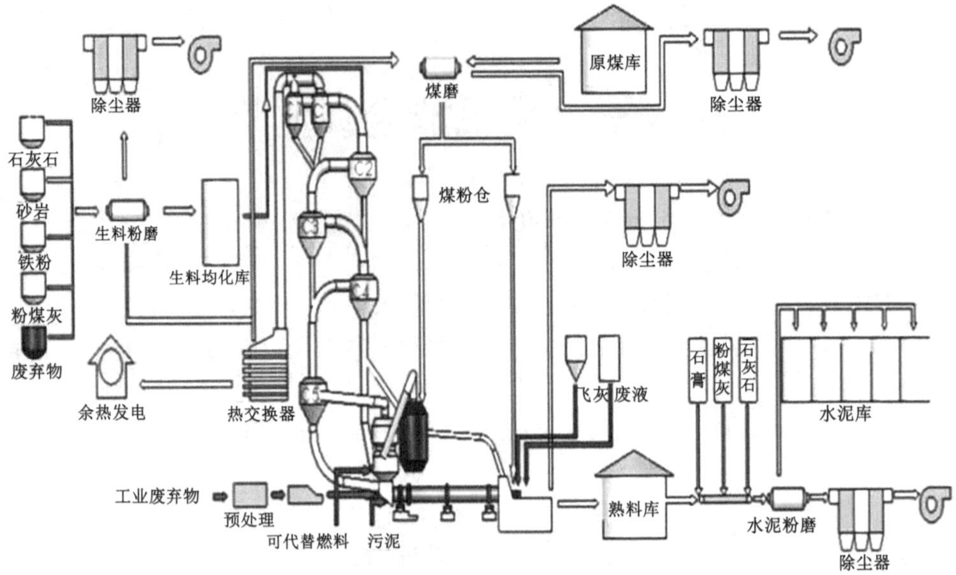

图 6-1　现代水泥生产工艺流程图

水泥生产工艺是高温下复杂的物理、化学变化。硅酸盐水泥的主要矿物成分：硅酸三钙（$3CaO \cdot SiO_2$），C_3S；硅酸二钙（$2CaO \cdot SiO_2$），C_2S；铝酸三钙（$3CaO \cdot Al_2O_3$），C_3A；铁铝酸四钙（$4CaO \cdot Al_2O_3 \cdot Fe_2O_3$），$C_4AF$。提高 C_3S 的含量，可得到高强硅酸盐水泥；提高 C_3S 和 C_3A 的含量，即可制得快硬硅酸盐水泥；降低 C_3S 和 C_3A 的含量，提高 C_2S 的含量、可得低热或中热硅酸盐水泥。

1. 生料制备

将石灰质原料、黏土质原料（或粉煤灰＋页岩）与少量校正原料经破碎后，按一定比例（质量比约为 75∶20∶5）配合磨细，并调配为成分合适、质量均匀的生料。制备方法分干法和湿法。

干法：将原料同时烘干与粉磨或先烘干后粉磨成生料粉，而后送入干法窑内煅烧成熟料的方法，水分＜1％。

湿法：将原料加水分磨成生料后送入湿法回转窑煅烧成熟料的方法，水分在 32％～40％。

2. 熟料的煅烧

水泥熟料煅烧的窑型有立窑和回转窑之分。水泥窑分类见表 6-1。

（1）物料在回转窑内煅烧的特点

① 在烧成带，$C_2S + CaO \longrightarrow C_3S$ 的热效应基本上等于零，只有在生成液相时需要少量的熔融净热。但是，为使游离氧化钙吸收得比较完全，并使熟料矿物晶体发育良好，获得高质量的熟料，必须使物料保持一定的高温和足够的停留时间。

表 6-1 水泥窑分类

窑型	分类	附属设备	长径比（高径比）	单位热耗/(kJ/kg 熟料)	单机生产能力/(t/d)
回转窑	湿法回转窑	湿法长窑：带内部热交换装置，如链条、格子式热交换器	30～38	5 300～6 800	3 600
		湿法窑：带外部热交换装置，如料浆蒸发机、压滤机、料浆干燥机等	18～30	5 250～6 200	1 000
	干法回转窑	干法长窑：中空或带格子式热交换器	20～38	5 300～6 300	2 500～3 000
		干法窑：带余热锅炉等	15～30	3 020～4 200（扣除发电）	3 000
		新型干法窑：带悬浮预热器或预分解炉	14～17	3 000～4 000	5 000～10 000
	半干法窑	立波尔窑：带炉篦加热机	10～15	3 350～3 800	3 300
立窑	普通立窑	带机械加料器，人工卸料	3～4	3 500～4 200	240～300
	机械化立窑	带连续机械化加料及卸料装置	4～5	3 600～4 800	45～100

② 在分解带内，碳酸钙分解需要吸收大量的热量，但窑内传热速度很低，而物料在分解带内的运动速度又很快，停留时间又较短，这是影响回转窑内熟料煅烧的主要矛盾之一。在分解带内加挡料圈就是为缓和这一矛盾所采取的措施之一。

③ 降低理论热耗、减少废气带走的热损失和筒体表面的散热损失、降低料浆水分或改湿法为干法等是降低熟料热耗、提高窑的热效率的主要途径。

④ 窑的传热能力受其传热面积和传热系数的限制，如提高气流温度以增加传热速度，虽然可以增加窑的产量，但相应提高了废气温度，使熟料单位热耗反而增加。对一定规格的回转窑，在一定条件下存在一个热工上经济的产量范围。

⑤ 回转窑的预烧（生料预热和分解）能力和烧结（熟料烧成）能力之间存在着矛盾，而且这一矛盾随着窑规格的增大而越加突出。

理论分析和实际生产的统计资料表明，窑的发热能力与窑直径的三次方成正比，而传热能力基本上与窑直径的 2～2.5 次方成正比，因此，窑的规格越大，窑的单位容积产量越低。为增加窑的传热能力，必须增加窑系统的传热面积或者改变物料与气流之间的传热方式，预分解炉是解决这一矛盾的有效措施。回转窑内物料、气体温度分布如图 6-2 所示。

(2) 回转窑的煅烧体系

如图 6-3 所示，窑体倾斜放置，冷端高、热端低。生料由圆筒的高端（窑尾）加入，因此，回转窑是一运输设备，同时它又是一个煅烧设备和热交换设备。所用燃料：煤、液体燃料、气体燃料。燃料在窑头燃烧，如燃煤的高温火焰可达 1 650～1 700 ℃。

① 悬浮预热窑：将生料粉与从回转窑窑尾排出的烟气混合，并使生料悬浮在热烟气中进行热交换，从根本上改变了气流和生料粉间的传热方式，极大地提高了传热面积和传热系数。分为旋风式预热器和立筒式预热器两种类型，如图 6-4 所示。

② 预分解窑：是在悬浮预热器窑和回转窑之间增设一个分解炉，把大量吸热的分解反应从窑内传热速率较低的区域移到单独燃烧的分解炉中进行。在分解炉中，生料颗粒呈分散悬浮或沸腾状态，以最小的温差在燃料无焰燃烧的同时进行高速传热，使生料迅速完成分

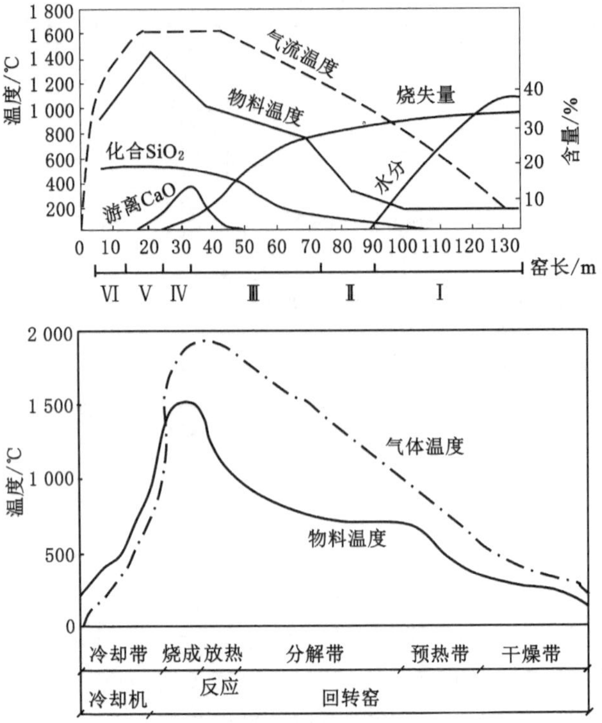

图 6-2 回转窑内物料、气体温度分布图

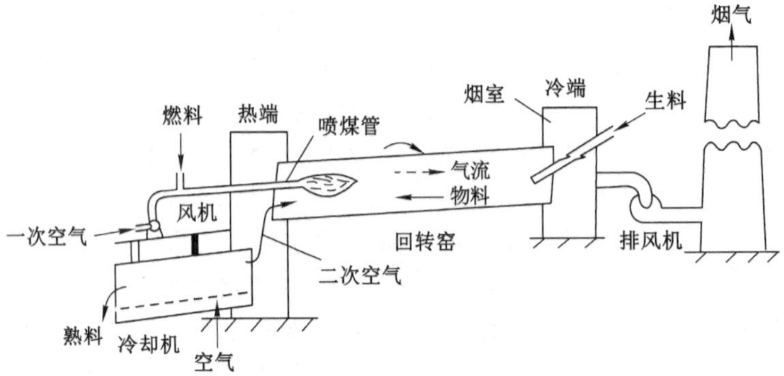

图 6-3 回转窑煅烧系统的基本流程

解反应。

窑外预分解窑系统如图 6-5 所示。

③ 熟料冷却机：主要有单筒冷却机(图 6-6)、多筒冷却机(图 6-7)和篦式冷却机(图 6-8)三种。

三、煅烧过程中的物理和化学变化

以普通回转窑为例来说明窑内不同区域熟料的煅烧过程。

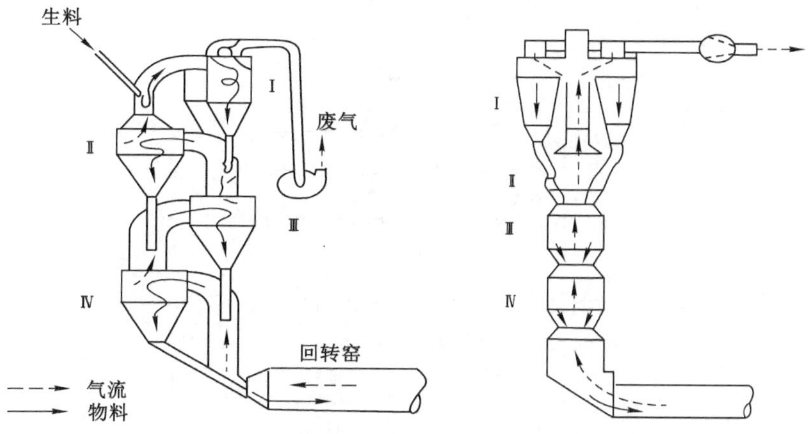

旋风式预热器（洪堡型）　　立筒式预热器（克虏伯型）

图 6-4　悬浮预热器分类

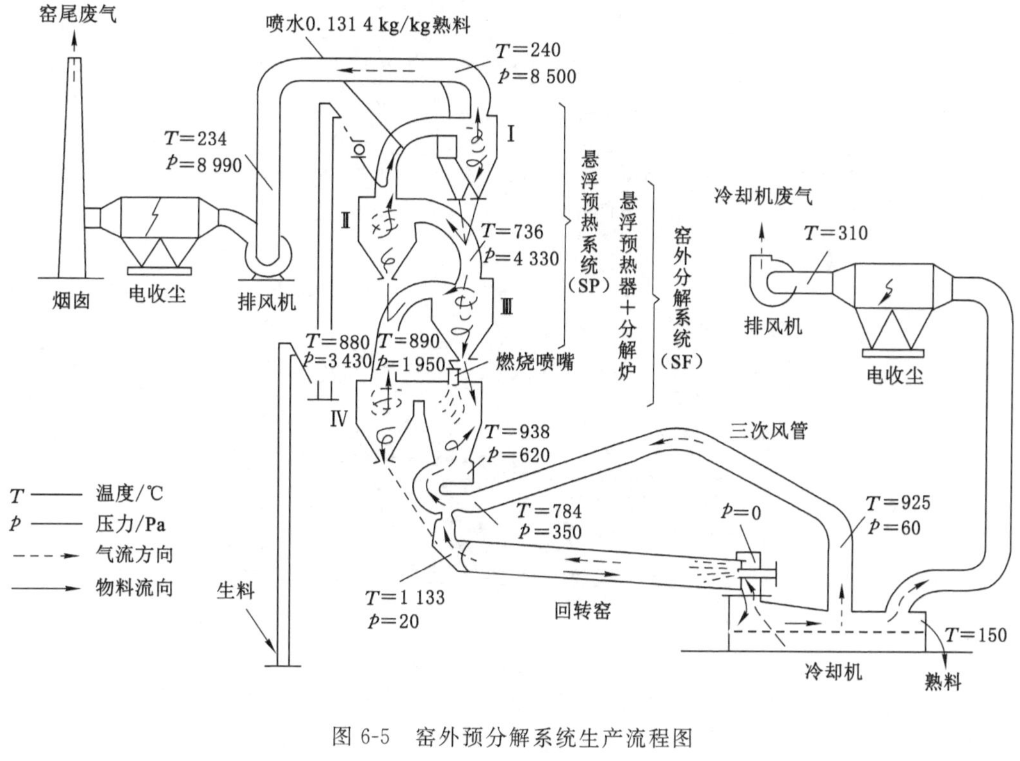

图 6-5　窑外预分解系统生产流程图

1. 干燥和脱水

干燥带：自由水的蒸发，温度约为 150 ℃；预热带：黏土等矿物分解脱去结晶水，温度约为 150～750 ℃。化学式为：

$$Al_2O_3 \cdot 2SiO_2 \cdot 2H_2O \xrightarrow{400\sim600\ ℃} Al_2O_3 \cdot 2SiO_2 + 2H_2O \uparrow$$

2. 碳酸盐分解（吸收大量热量）

碳酸盐分解带发生的化学反应为：

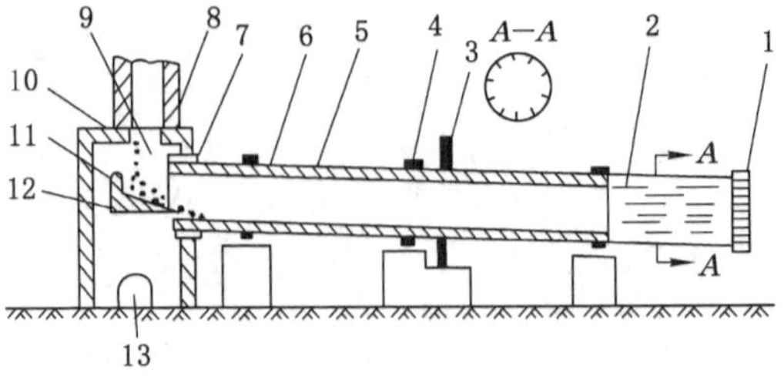

1—卸料篦子；2—扬料板；3—大牙轮；4—轮带；5—耐火砖；6—简体；7—密封装置；
8—窑头；9—热烟室；10—通料口；11—溜子；12—风道；13—清理积料门。

图 6-6 单筒冷却机

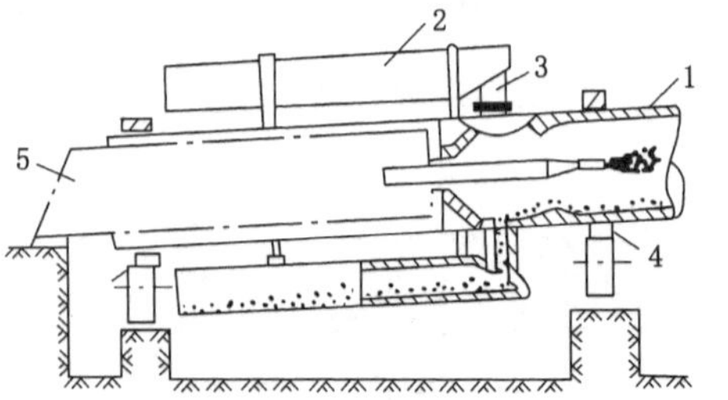

1—回转窑筒体；2—冷却机筒体；3—冷却机接料管；4—拖轮与轮带；5—看火隧道。

图 6-7 多筒冷却机

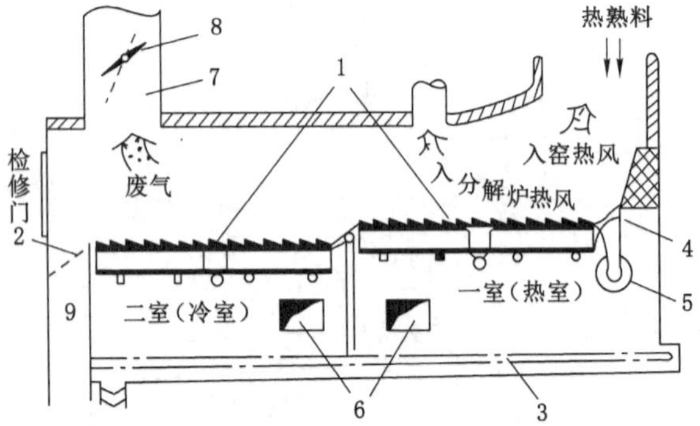

1—篦床；2—铁栅；3—拉链机；4—倾斜固定篦板；
5—压风管；6—中压风进口；7—废气烟囱；8—闸板；9—出料溜管。

图 6-8 篦式冷却机

$$CaCO_3 \xrightarrow{900\ ℃} CaO + CO_2 - 1\ 645\ J/g$$

$$MgCO_3 \xrightarrow{690\ ℃} MgO + CO_2 - 1\ 047\ J/g$$

3. 固相反应

至 800 ℃：CA、CF、C_2S 开始形成；800～900 ℃：$C_{12}A_7$ 开始形成；900～1 100 ℃：C_2AS 形成又分解，C_3A、C_4AF 开始形成；1 100～1 200 ℃：C_3A、C_4AF 大量形成，C_2S 含量达最大值。

4. 熟料烧结

1 250 ℃下硅酸盐生料在煅烧时出现液相。在液相作用下，水泥熟料逐渐烧结，物料由疏松状转变为色泽灰黑、结构致密的熟料。硅酸二钙吸收氧化钙形成硅酸三钙，即 $C_2S+CaO \longrightarrow C_3S(l)$。随着温度升高和时间的延长，液相量增加，硅酸二钙和氧化钙不断溶解、扩散，硅酸三钙不断生成，且小晶体逐渐发育长大，最终形成发育良好的硅酸三钙晶体，完成熟料的煅烧过程。

5. 熟料冷却

熟料冷却过程中形成的矿物发生相变，为提高水泥的使用性能和工艺性能，应尽可能采用快速冷却。

四、矿化剂及微量元素对熟料煅烧和质量的影响

1. 矿化剂

矿化剂指能加速结晶化合物的形成，使水泥生料易烧，提高熟料的质量，主要是萤石矿化剂和萤石-石膏复合矿化剂。如能促进碳酸盐的分解，加速碱性长石、云母的分解，加速碱的氧化物的挥发，促进结晶氧化硅键的断裂，降低液相出现温度和液相的黏度，并形成过渡相，使 C_3S 的生成温度降低，从而有利于 C_3S 的生成。

2. 微量元素

微量元素主要指来自原料和少量来自煤灰的碱、硫、氧化镁、氧化钛和其他微量元素。少量氧化镁能降低烧成温度、增加液相量，但过多会影响水泥的安定性。

五、硅酸盐水泥的水化和硬化

水泥加水搅拌后，立即发生化学反应成为可塑性泥浆。随着水化反应的进一步进行，各种水化产物逐渐填满原来水所占据的空间，固体粒子逐渐接近，从而使原来分散的水泥颗粒以及水化产物连接起来，构成一个三维空间牢固结合、密实的整体。衡量水泥性质和质量的指标有密度、标号、容重、细度、强度、水化热、需水性、安定性、凝结时间等。

1. 熟料矿物的水化

(1) 硅酸三钙(C_3S)的水化

$$3CaO \cdot SiO_2 + nH_2O \longrightarrow xCaO \cdot SiO_2 \cdot yH_2O + (3-x)Ca(OH)_2$$

即：

$$C_3S + nH = C\text{—}S\text{—}H + (3-x)CH$$

其中，水化硅酸钙 C—S—H 是一成分复杂的无定形物质。硅酸三钙的水化速率很大，其水化放热速率-时间曲线可分为五个阶段，如图 6-9 所示。

① C_3S 的早期水化：加水后发生急剧的反应放出热量，Ca^{2+}、OH^- 迅速从表面释放，几分钟内 pH 值超过 12，溶液具有强碱性。

② C_3S 的中期水化：在 C_3S 水化的加速期内，伴随 $Ca(OH)_2$ 及 C—S—H 的形成和长大，液相中 $Ca(OH)_2$ 和 C—S—H 的过饱和度降低，又会相应地使 $Ca(OH)_2$ 和 C—S—H 的生长速度逐渐变慢。随着水化产物在颗粒周围的形成，C_3S 的水化受阻，水化过程逐渐进入减速阶段。

③ C_3S 的后期水化：泰勒认为在水化过程中存在一个界面区，并逐渐推向内部。水离解所形成的 H^+ 在内部产物中从氧原子(或水分子)转移到另一个氧原子，一直到达 C_3S 并

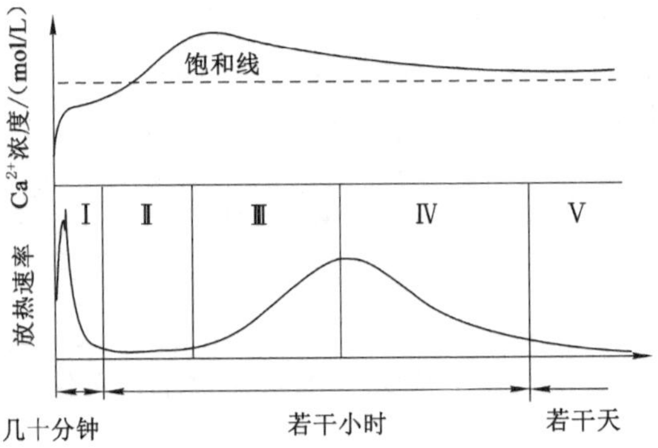

Ⅰ—初始水解期；Ⅱ—诱导期；Ⅲ—加速期；Ⅳ—减速期；Ⅴ—稳定期。

图 6-9 C_3S 水化放热速率和 Ca^{2+} 浓度变化曲线

与之作用，而界面区的 Ca^{2+} 和 Si^{4+} 部分则通过内部产物向外迁移，转入 $Ca(OH)_2$ 和外部 C—S—H。

(2) 硅酸二钙(C_2S)的水化

C_2S 和 C_3S 水化过程极为相似，但水化速度极慢，约为 C_3S 的 1/20。

$$2CaO \cdot SiO_2 + mH_2O = xCaO \cdot SiO_2 \cdot yH_2O + (2-x)Ca(OH)_2$$

即：

$$C_2S + mH = C\text{—}S\text{—}H + (2-x)CH$$

(3) 铝酸三钙(C_3A)的水化

C_3A 与水反应迅速，其水化产物的组成与结构受溶液中氧化钙、氧化铝离子浓度和温度的影响很大。在常温下，铝酸三钙的水化反应过程为：

$$2(3CaO \cdot Al_2O_3) + 27H_2O = 4CaO \cdot Al_2O_3 \cdot 19\ H_2O + 2CaO \cdot Al_2O_3 \cdot\ H_2O$$

$$2C_3A + 27H = C_4AH_{19} + C_2AH_8$$

C_4AH_{19} 在低于 85%相对湿度时，失水而成为 C_4AH_{13}。C_4AH_{19}、C_4AH_{13}、C_2AH_8 均为六方片状晶体，在常温下处于介稳状态，有向 C_3AH_6 等轴晶体转化的趋势，反应过程为：

$$4CaO \cdot Al_2O_3 \cdot 13\ H_2O + 2CaO \cdot Al_2O_3 \cdot 8\ H_2O = 2(3CaO \cdot Al_2O_3 \cdot 6\ H_2O) + 9\ H_2O$$

$$C_4AH_{13} + C_2AH_8 = 2C_3AH_6 + 9H$$

温度高时，直接转化成 C_3AH_6 晶体，反应过程为：

$$3CaO \cdot Al_2O_3 + 6H_2O = 3CaO \cdot Al_2O_3 \cdot 6H_2O$$

液相中氧化钙浓度达到饱和时，C_3A 还有另一可能的水化方式：

$$3CaO \cdot Al_2O_3 + Ca(OH)_2 + 12H_2O = 4CaO \cdot Al_2O_3 \cdot 13H_2O$$

$$C_3A + CH + 12H = C_4AH_{13}$$

C_4AH_{13} 能在室温下稳定，其数量迅速增多就足以阻碍粒子的相对运动，使浆体产生瞬时凝结。为防止瞬时凝结，常常在水泥熟料中掺入石膏。在 CaO、石膏的同时作用下，最先形成的水化产物 C_4AH_{13} 也会接着发生如下反应：

$$4CaO \cdot Al_2O_3 \cdot 13H_2O + 3(CaSO_4 \cdot 2H_2O) + 14H_2O = CaO \cdot Al_2O_3 \cdot 3CaSO_4 \cdot 32H_2O + Ca(OH)_2$$

$$C_4AH_{13} + 3C\bar{S}H_2 + 14H = C_3A \cdot 3C\bar{S} \cdot H_{32} + CH$$

所形成的三硫型水化硫铝酸钙又称钙矾石，由于其中的铝可被铁置换而成为含铝铁的三硫酸盐相，故常以 AFt 表示。当尚未完全水化而石膏已经耗尽，则 C_3A 水化所成的

C_4AH_{13} 又能与先前形成的 AFt 依下式反应，生成单硫型水化硫铝酸钙(AFm)：

$$3CaO \cdot Al_2O_3 \cdot 3CaSO_4 \cdot 32H_2O + 2(4CaO \cdot Al_2O_3 \cdot 13H_2O) = 3(3CaO \cdot Al_2O_3 \cdot CaSO_4 \cdot 12H_2O) + 2Ca(OH)_2 + 20H_2O$$

$$C_3A \cdot 3C\bar{S} \cdot H_{32} + 2C_4AH_{13} = 3(C_3A \cdot C\bar{S} \cdot H_{12}) + 2CH + 20H$$

当石膏掺量极少，在所有钙矾石都转化成单硫型水化硫铝酸钙后，就可能还有未水化的 C_3A 剩余，于是形成 C_4AH_{13} 和 $C_4A\bar{S}H_{12}$ 的固溶体。

$$3CaO \cdot Al_2O_3 \cdot CaSO_4 \cdot 12H_2O + 3CaO \cdot Al_2O_3 + Ca(OH)_2 + 12H_2O = 2[3CaO \cdot Al_2O_3 \cdot (CaSO_4 \cdot Ca(OH)_2) \cdot 12H_2O]$$

即：

$$C_4A\bar{S}H_{12} + C_3A + CH + 12H = 2C_3A(C\bar{S}, CH)H_{12}$$

不同的石膏量对应不同的水化产物，见表 6-2。

表 6-2　不同石膏量对应不同的水化产物表

参加反应 $C\bar{S}H_2/C_3A$ 摩尔比	水化产物
3.0	钙钡石(AFt)
3.0～1.0	钙钡石(AFt)+单硫型水化硫铝酸钙(AFm)
1.0	单硫型水化硫铝酸钙(AFm)
<1.0	单硫型固溶体[$C_3A(C\bar{S},CH)H_{12}$]
0	水石榴石(C_3AH_6)

(4) 铁相固溶体的水化

铁相固溶体的水化以 C_4AF 或 Fss 表示，水化速率介于 C_3A 与 C_3S 之间，单独水化不会产生瞬凝。其水化反应和水化产物与 C_3A 极为相似，可能产生的水化反应为：

$$4CaO \cdot Al_2O_3 \cdot Fe_2O_3 + 4Ca(OH)_2 + 22H_2O = 2[4CaO \cdot (Al_2O_3, Fe_2O_3) \cdot 13H_2O]$$

即：

$$C_4AF + 4CH + 22H = 2C_4(A,F) \cdot H_{13}$$

$$4CaO \cdot Al_2O_3 \cdot Fe_2O_3 + 2Ca(OH)_2 + 6(CaSO_4 \cdot 2H_2O) + 50H_2O = 2[3CaO \cdot (Al_2O_3, Fe_2O_3) \cdot 3CaSO \cdot 32H_2O]$$

$$C_4AF + 2CH + 6C\bar{S}H_2 + 50H = 2C_3(A,F) \cdot 3C\bar{S} \cdot H_{32}$$

$$2[4CaO \cdot (Al_2O_3, Fe_2O_3) \cdot 13H_2O] + 3CaO \cdot (Al_2O_3, Fe_2O_3) \cdot 3CaSO_4 \cdot 32H_2O = 3[3CaO \cdot (Al_2O_3, Fe_2O_3) \cdot CaSO_4 \cdot 12H_2O] + 2Ca(OH)_2 + 20H_2O$$

即：

$$2C_4(A,F)H_{13} + C_3(A,F) \cdot 3C\bar{S} \cdot H_{32} \longrightarrow 3C_3(A,F) \cdot C\bar{S} \cdot H_{12} + 2CH + 20H$$

在无石膏的条件下，C_4AF 与氢氧化钙及水反应生成部分铝置换过的 $C_4(A,F)H_{13}$，呈六方片状，在低温下比较稳定，在 20 ℃时转化为 $C_3(A,F)H_{13}$。温度高于 50 ℃时会直接转化为 $C_3(A,F)H_{13}$。

2. 硅酸盐水泥的水化

(1) 水化产物的变化

硅酸钙→Ca^{2+}、OH^-；硫酸钙→Ca^{2+}、SO_4^{2-}；铝酸钙→Ca^{2+}、$Al(OH)_4^-$；碱的硫酸盐→K^+、Na^+。根据目前的认识，硅酸盐水泥的水化过程可概括为如图 6-10 所示的过程。

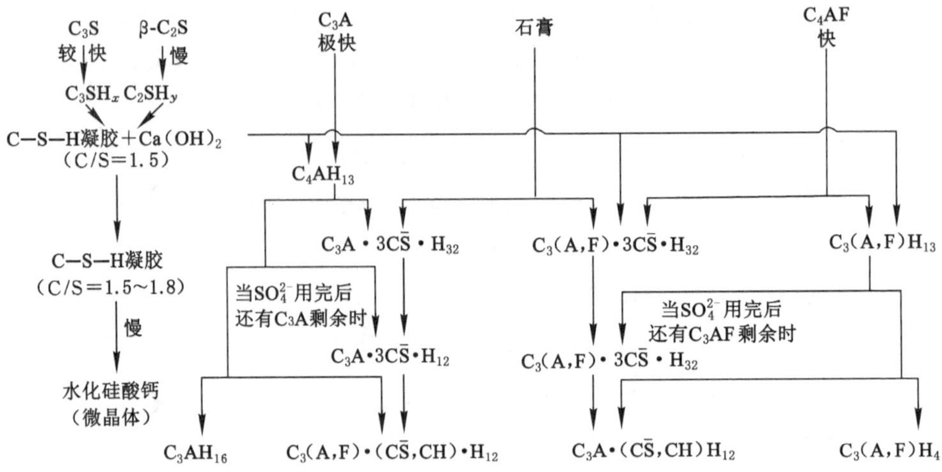

图 6-10　硅酸盐水泥的水化过程图

（2）水化过程的放热曲线

由水化放热曲线（图 6-11）可知，水化过程可划分为三个阶段：① 钙矾石形成期——C_3A 率先水化，在石膏存在的条件下，迅速形成钙钒石，导致第一放热峰出现；② C_3S 水化期——C_3S 开始迅速水化，大量放热，形成第二放热峰；③ 结构形成和发展期——放热速率很低，趋于稳定。随着各种水化产物的增多，填入原先由水所占据的空间，逐渐连接并相互交织，发展成为硬化的浆体结构。

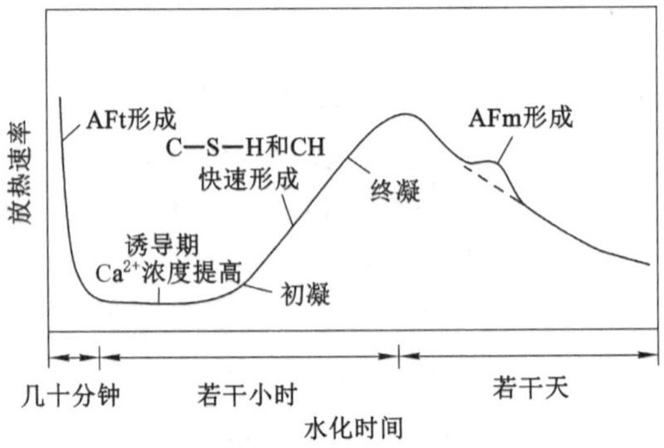

图 6-11　硅酸盐水泥的水化放热曲线图

3. 水化速率

水化速率常以单位时间内的水化程度或水化深度来表示。假定球形颗粒在水化过程中仍保持原有形状，且密度不变，则水化程度 a 与深度 h 有如下关系：

$$h=\frac{d_m}{2}(1-\sqrt[3]{1-a})$$

式中，d_m 为球形颗粒直径。

决定水泥水化速率的因素有熟料矿物组成与结构、水泥的细度、加水量、养护温度、混合材料、外加剂的性质。

六、硬化水泥浆体

1. 水泥的凝结和硬化过程

水泥加水拌成浆体进行水化反应，浆体逐渐失去流动性而转变为具有一定强度的固体的过程，即水泥的凝结与硬化。

(1) 结晶理论

熟料矿物首先溶解于水形成水化产物，因其溶解度小于反应物而结晶沉淀出来。随后熟料矿物继续溶解，水化产物不断沉淀，如此溶解-沉淀不断进行，伴随结晶的相互交联而凝结、硬化。

(2) 胶体理论

水泥水化后生成大量胶体物质，再因干燥或未水化的水泥颗粒继续水化产生“内吸作用”而失水，从而使胶体凝聚变硬。

(3) 拜依柯夫理论

综合上述两理论，将水泥水化分成三个时期：溶解期、胶化期、结晶期。

(4) 洛赫尔理论

洛赫尔理论从水化产物的形成和发展将硬化过程分为三个阶段(图 6-12)：① 从水泥拌水起到初凝止；② 从初凝起到 24 h 为止，水化开始加速，形成氢氧化钙和钙矾石；③ 24 h 后，直到水化结束。

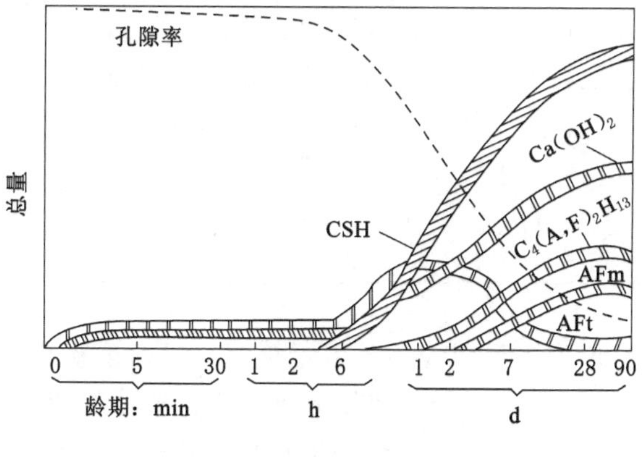

图 6-12　水泥水化产物的形成和浆体结构发展示意图

2. 硬化水泥浆体的组成和结构

硬化水泥浆体是固-液-气三相多孔体，具有一定强度和孔隙率，外形似天然石材，故又名水泥石。

水化产物主要组成是 C—S—H，约占 2/3。C—S—H 中存在许多其他离子，几乎所有 C—S—H 都含有相当量的 Al、Fe 和 S，形成固溶体，而 AFt 和 AFm 相则又含有不少的 Si。钙硅比和水硅比可在较大范围内变动。

七、硅酸盐水泥的性能与技术指标

1. 凝结时间

凝结时间是指水泥从加水开始到失去流动性所需的时间，分初凝时间和终凝时间。初凝时间为水泥从开始加水拌和到失去可塑性所需的时间。终凝时间为水泥从开始加水拌和到水泥浆完全失去可塑性并产生强度所需的时间。影响水泥凝结速度的因素如矿物组成、水灰比、细度、温度和外加剂同样影响水泥的凝结时间。石膏掺入水泥作用和硫酸盐激发作用会加速矿渣的硬化过程。

2. 强度与标号

水泥标号按规定龄期的抗折强度和抗压强度来划分，各标号水泥各龄期的强度不得低于表 6-3 中数值。

表 6-3　水泥龄期强度表

品种	标号	抗压强度/MPa		抗折强度/MPa	
		3 d	28 d	3 d	28 d
硅酸盐水泥	42.5R	22.0	42.5	4.0	6.5
	52.5	23.0	52.5	4.0	7.0
	52.5R	27.0	52.5	5.0	7.0
	62.5	28.0	62.5	5.0	8.0
	62.5R	32.0	62.5	5.5	8.0
	72.5R	37.0	72.5	6.0	8.5
普通水泥	32.5	12.0	32.5	2.5	5.5
	42.5	16.0	42.5	3.5	6.5
	42.5R	21.0	42.5	4.0	6.5
	52.5	22.0	52.5	4.0	7.0
	52.5R	26.0	52.5	5.0	7.0
	62.5	27.0	62.5	5.0	8.0
	62.5R	31.0	62.5	5.5	8.0

强度是水泥的一个重要指标，又是设计混凝土配合比的重要数据。水泥在硬化过程中强度是逐渐增加的，一般将 3 d 及 7 d 以前的强度称为早期强度，28 d 及其后的强度称为后期强度。3 个月以后为长期强度。由于水泥 28 d 及其后的强度已大部分发挥出来，所以以 28 d 强度来划分水泥的等级。

（1）浆体组成与强度的关系

浆体强度产生的原因有两种说法：① 水化产物特别是 C—S—H 具有巨大的表面能，颗粒表面能从外界吸引其他离子以达到平衡的倾向，因此相互能吸引，构成空间骨架，从而具有强度。② 硬化浆体的强度可归结为晶体的连生，由化学键产生强度，如可能存在 O—Ca—O、氢键或 Si—O—Si。

C—S—H 凝胶在强度发展中起着最为主要的作用。至于氢氧化钙晶体，有人认为晶体太大，妨碍了其他微晶的连生和结合，对强度不利；也有人认为它有填充作用，对强度仍有帮助。

钙矾石和单硫型水化硫铝酸钙对强度的贡献主要在早期，到后期作用就不明显了。

（2）熟料矿物组成的作用

水泥 28 d 强度依赖于 C_3S，C_2S 对后期强度有影响。C_3A 对水泥强度的影响看法不一。C_4AF 对水泥强度的影响也颇有争议。熟料中碱的存在会使熟料矿物的水化速度加快，水泥的早期强度提高，但 28 d 后的强度有所降低。熟料中含有适量的 P_2O_5、Cr_2O_3 或 BaO、TiO_2、Mn_2O_3 等氧化物并以固溶体形式存在时，都能促进水泥的水化，提高早期强度。

(3) 密实度和强度的关系

硬化水泥浆体的强度与其密实度密切相关。以胶空比(X)来表示浆体的密实程度，它是指凝胶固相体积在浆体总体积中所占的比例，用公式可表示为：

$$X=\frac{\text{凝胶体积}}{\text{水泥浆体所占空间}}=\frac{\text{凝胶体积}}{\text{凝胶体积}+\text{毛细孔体积}}$$

$$S=S_0X^n$$

式中　S_0——毛细孔隙率为 0 时的浆体强度；

　　n——常数，波动于 2.6～3.0 之间。

(4) 温度和压力对强度的影响

高温下形成的凝胶等水化产物分布很不均匀，是造成强度下降的原因。在常温或低温下，水化较慢，水化产物有充足的时间进行扩散，能够比较均匀地沉析到水泥颗粒间，而高温时就产生由凝胶分布稀疏的部位所形成的“弱点”，从而有碍强度的增长。同时，当水泥颗粒被密集的凝胶层包裹以后，水化要延缓，也影响到强度的发展。采用蒸压养护(>100 ℃)，对水泥的最终强度有较大的影响，而且水化产物的化学组成和物理性质都会发生变化。养护温度对水泥浆体强度增长的影响如图 6-13 所示。

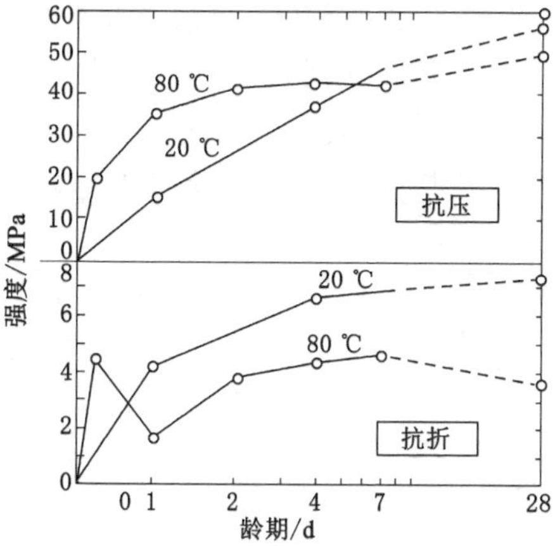

图 6-13　养护温度对水泥浆体强度增长的影响

3. 体积的变化与安定性

(1) 化学减缩

水泥水化过程中，无水的熟料矿物转变为水化物，固相体积逐渐增加，但水泥-水体系的总体积却在不断缩小。这种缩小是因化学反应所致，故称为化学减缩。

(2) 湿胀干缩

干燥使体积收缩，潮湿时发生膨胀。干缩循环可导致反复胀缩，并留有部分不可逆收缩。不同湿度下干缩机理不一样。在一定温度下，随着相对湿度的提高，胶粒表面的吸附水层不断增厚,从而诱发拆散压力或膨胀压力,将靠得太近的胶粒推开,从而造成膨胀。

(3) 碳化收缩

空气中含有0.03%的CO_2,在有水汽存在的条件下,会和水泥浆体内所含有的氢氧化钙作用,生成碳酸钙和水,其他水化产物也与CO_2作用。如:

$$3CaO \cdot 2SiO_2 \cdot 3H_2O + CO_2 = CaCO_3 + 2(CaO \cdot SiO_2 \cdot H_2O) + H_2O$$

$$CaO \cdot SiO_2 \cdot H_2O + CO_2 = CaCO_3 + SiO_2 \cdot 2H_2O$$

在发生上述反应的同时,硬化浆体的体积减小,出现不可逆的碳化收缩。

(4) 水泥的安定性

水泥的安定性是指水泥浆硬化后体积变化的稳定性。

4. 氧化镁、三氧化硫、碱及不溶物含量

水泥中的氧化镁含量不得超过5%;水泥中碱含量(以$Na_2O + 0.658K_2O$计)不大于0.6%;水泥中SO_3含量不得超过3.5%;不溶物含量,在Ⅰ型水泥中不超过0.75%,在Ⅱ型水泥中不超过1.5%。

5. 保水性和泌水性

保水性是水泥凝结时将拌和水保留起来的性能。泌水性是指水泥浆所含的水分从浆体中析出的难易程度。

6. 水化热

水化热为水泥熟料水化作用时产生的热量,对大型构筑物有影响。水化热的周期很长,大部分的热量是在3 d以内,特别是在水泥浆发生凝结、硬化的初期放出。水化热的大小与放热速率首先决定于水泥的矿物组成,影响水化热的因素有熟料矿物组成、熟料的煅烧和冷却条件、水泥的粉磨细度、水灰比、养护温度、水泥储存时间等。

7. 水泥的耐久性

水泥的耐久性包括抗渗性、抗冻性以及对环境介质的抗蚀性。

(1) 抗渗性

抗渗性就是抵抗各种有害介质进入内部的能力。对硬化水泥浆体一类的多孔材料时,其渗水速率可用下式表示:

$$\frac{dq}{dt} = KA\frac{\Delta h}{L}$$

式中 dq/dt——渗水速率,mm^3/s;

A——试件的横截面,mm^2;

L——试件的厚度,mm;

Δh——试件两侧的压力差;

K——渗透系数,mm/s。

渗透系数主要决定于孔隙半径和孔隙率的大小,随水灰比增大而提高。

(2) 抗冻性

水泥的抗冻性是指在冻融循环作用下,保持原有性质抵抗破坏的能力。往往以试块能经受-15 ℃和20 ℃的循环冻融而抗压强度降低不超过25%时的最高次数来表征。结合水是不会结冰的,凝胶水在-78 ℃才会结冰,一般认为硅酸盐水泥比掺混合材料水泥的抗冻性要好些。增加熟料中的C_3S含量、控制C_3A与碱的含量,可以改善抗冻性。将水灰比控制在 0.4 以下，可以制得高度抗冻的硬化浆体。

(3) 对环境介质的抗蚀性

① 浆体组分的溶解浸析。硬化浆体受到淡水的浸蚀，一些组分如 $Ca(OH)_2$(25 ℃时约为 1.2 g/L)等按溶解度的大小依次逐渐被水溶解，产生溶出性浸蚀，最终导致破坏。水泥的水化产物中以 $Ca(OH)_2$ 的溶解度最大。水泥的水化产物必须在一定浓度 CaO 的液相中才能稳定存在。

随着 CaO 的溶出，首先是 $Ca(OH)_2$ 晶体被溶解，其次是高碱性的水化硅酸盐、水化铝酸盐等分解为低碱性的水化产物。

② 离子交换反应。当水中溶有一些无机酸或有机酸时，通过离子交换反应，这些酸性溶液即与硬化浆体的组成生成可溶性的钙盐，随之被带走。

③ 形成膨胀性产物。硫酸钠、硫酸钾都能与水泥浆体所含的 $Ca(OH)_2$ 反应生成硫酸钙，再与水化铝酸钙反应而生成钙矾石，从而使固相体积增加很多，产生相当的结晶压力，造成膨胀开裂以至毁坏。

硫酸镁的侵蚀作用更大，最终产物是石膏、难溶的氢氧化镁、氧化硅及氧化铝的水化物凝胶。硫酸铵具有更强的侵蚀作用，也会使水化硅酸钙分解。

一些浓度较高的含碱溶液，不仅能与硬化水泥浆体组分发生化学反应，生成胶结力弱、易为碱液溶析的产物，而且也产生结晶膨胀作用。

碱溶液渗入浆体孔隙后，再在空气中 CO_2 作用下形成大量的结晶水，在结晶时也会造成浆体结构胀裂。

八、掺混合材料的水泥

1. 水泥混合材料分类

(1) 活性物质

凡是天然或人工的矿物质磨成细粉，加水后本身不硬化(有潜在水硬性)，但与激发剂混合，加水拌和后，不但能在空气中硬化，还能在水中继续硬化者，称为活性混合材料或水硬性混合材料。常用的有粒化高炉矿渣、火山灰质混合材料和粉煤灰。

(2) 非活性物质

凡是天然或人工的矿物质磨成细粉与石灰混合，加水后不能或很少生成具有胶凝性的水化产物，掺入水泥中仅起降低强度和增加水泥产量作用者，称为非活性混合材料或非水硬性混合材料。常用的有石灰、砂石、白云石、窑灰。

(3) 粒化高炉矿渣

高炉冶炼生铁时所得以硅酸钙和铝酸钙为主要成分的熔融物，经淬冷成粒后即为粒化高炉矿渣。结构以玻璃体为主，化学成分有氧化钙、氧化硅、氧化铝、氧化镁和氧化锰。

(4) 火山灰质混合材料

火山灰质混合材料是以氧化硅、氧化铝为主要成分的矿物质材料，本身磨细加水拌和并不硬化，但与气硬性石灰混合后，再加水拌和，则能在空气和水中硬化。按其成因分为天然和人工两大类。火山灰质混合材料加入水泥中可能改善水泥的某些性能、降低能耗、增产水泥。

(5) 粉煤灰

粉煤灰主要矿物组成为莫来石、α-石英、β-硅酸二钙等少量晶态矿物，主要化学组成为氧化硅、氧化铝、氧化铁、氧化钙以及未燃尽的炭。粉煤灰的活性取决于玻璃体的含量，即活性氧化硅、活性氧化铝的含量，含碳高时对活性极其有害。

2. 矿渣硅酸盐水泥

凡由硅酸盐水泥熟料和粒化高炉矿渣、适量石膏磨细而成的水硬性胶凝材料，称为矿渣硅酸盐水泥，代号 P.S。

矿渣水泥调水后，首先是熟料矿物与水作用，生成水化硅酸钙、水化铝酸钙、氢氧化钙、水化硫铝酸钙等。水化过程以及水化产物的性质与纯硅酸盐水泥相同。生成物为矿渣的碱性激发剂，它使矿渣玻璃体中的活性物质进入溶液，并与之发生二次反应生成水化硅酸钙、水化铝酸钙。水泥中的石膏则为矿渣硫酸盐的激发剂，生成水化硫铝（铁）酸钙。水泥熟料矿物水化硬化后，矿渣才参与反应。因此，早期硬化速度慢。

3. 火山灰质硅酸盐水泥

凡由硅酸盐水泥熟料、火山灰质混合材料和适量石膏磨细而成的水硬性胶凝材料，称为火山灰质硅酸盐水泥，代号 P.P。

加水拌和后，首先是熟料矿物水化，然后是熟料矿物水化后放出的氢氧化钙与混合材料中的活性组分发生二次反应，生成水化硅酸钙凝胶、水化铝酸钙及其与水化铁酸钙形成的固溶体以及水化硫铝（铁）酸钙。

早期强度低，但后期强度可超过硅酸盐水泥。硬化后的致密度较高，其抗渗性和抗淡水溶析能力较好。因其水化产物中水化铝酸钙含量低，所以抗硫酸盐侵蚀性较好，但抗大气稳定性、抗冻性比硅酸盐水泥差。

4. 高铝水泥

高铝水泥又称矾土水泥，以铝酸钙为主、氧化铝含量约 50%的熟料磨细制成。

(1) 化学成分和矿物组成

化学成分：CaO（32%～42%）、Al_2O_3（36%～55%）、SiO_2（4%～15%）、Fe_2O_3、MgO、TiO_2。氧化铝、氧化钙是保证生成碱性铝酸钙的基本成分。

矿物组成：铝酸一钙（CA）、二铝酸钙（CA_2）、七铝酸十二钙（$C_{12}A_7$）、铝方柱石（C_2AS）。

(2) 高铝水泥的水化硬化过程

高铝水泥的水化硬化过程主要是铝酸一钙的水化，其水化产物与温度关系极大。结晶的 C_2AS 水化作用极为缓慢，β-C_2S 水化生成 C—S—H 凝胶，硬化过程与硅酸盐水泥基本相同。CAH_{10}、C_2AH_8 属六方晶系，结晶形成的片状和针状晶体，相互交联形成坚固的结晶连生体，氢氧化铝凝胶又填充于晶体骨架的空隙，形成比较致密的结构，使水泥获得很高的机械强度。高铝水泥终凝时间不迟于 10 h，24 h 的强度可达最高强度的 80%以上，但长期强度不稳定，特别在湿热环境下强度下降。水化热大，放热量集中，因此低温下也能很好硬化。

(3) 高铝水泥的应用

高铝水泥主要用于抢建、抢修、抗硫酸盐侵蚀和冬季施工等特殊需要工程，配制不定形耐火材料及耐热混凝土；配制膨胀水泥和自应力水泥；不宜用于大体积混凝土工程，不做永久承重结构。

5. 快硬硅酸盐水泥

凡以适当成分的生料，烧至部分熔融，所得以硅酸钙为主要成分的硅酸盐水泥熟料，加入适量石膏，磨细制成具有早期强度增进率较高的水硬性胶凝材料，称快硬硅酸盐水泥或快硬水泥。快硬硅酸盐水泥中 C_3S(50%～60%)、C_3A(8%～14%)的含量较高，两者之和不少于 60%～65%。快硬水泥的比表面积大，在储存和运输过程中容易风化，一般储存期不超过一个月。快硬水泥可用于配制早强、高强度混凝土，适用于紧急抢修工程、快速施工工程、低温工程及地下工程。

6. 膨胀水泥

膨胀水泥是指在水泥水化过程中，由于生成膨胀性水化产物，使水泥在硬化后体积不收缩或微膨胀的水泥，由强度组分和膨胀组分组成，主要用于防渗工程。

第二节　玻　　璃

凡熔融体通过一定方式冷却，因黏度逐渐增加而具有固体性质与一定结构特征的非晶态物质，都称为玻璃。

玻璃的分类(表 6-4)：普通玻璃，因混有铁的化合物显浅绿色；蓝玻璃、红玻璃，在原料里加入某些金属氧化物均匀地分散到玻璃态物质里，使玻璃呈现出特征颜色；石英玻璃，如试管等；光学玻璃，如放大镜；钢化玻璃，把普通玻璃放在电炉里加热，使它软化，然后急速冷却，就可得到钢化玻璃，其机械强度比普通玻璃大 4～6 倍，不易破碎；光纤玻璃(光导纤维)，比头发丝还细的一对光导纤维上可同时传送 3 万门电话且中继距离长达 20～50 km，保密性能好。

表 6-4　几种玻璃的成分

种类	石英玻璃	光学玻璃	化学玻璃	玻璃纤维	钢化玻璃	有色玻璃(红色)	有色玻璃(蓝色)
成分	SiO_2	含 PbO	含 $Na_2B_4O_7 \cdot 10H_2O$	玻璃制成的无机纤维	与普通玻璃成分相同	含 Cu_2O	含 Co_2O_3

需要注意的是，我们常说的有机玻璃、水玻璃不是玻璃。

普通玻璃的化学组成是 Na_2SiO_3、$CaSiO_3$、SiO_2 或 $Na_2O \cdot CaO \cdot 6SiO_2$ 等，主要成分是硅酸盐复盐，是一种无规则结构的非晶态固体。另有混入了某些金属的氧化物或者盐类而显现出颜色的有色玻璃，以及通过物理或者化学的方法制得的钢化玻璃等。

一、玻璃的制造方法

玻璃的制造过程见表 6-5。

表 6-5　玻璃的制造过程

原料	纯碱、石灰石和石英(过量)
主要设备	玻璃熔炉
生产过程	原料粉碎，玻璃熔炉中强热，成型冷却

表 6-5(续)

反应原理	复杂的物理、化学变化，主要反应为： $Na_2CO_3+SiO_2\xrightarrow{高温}Na_2SiO_3+CO_2\uparrow$ $CaCO_3+SiO_2\xrightarrow{高温}CaSiO_3+CO_2\uparrow$
主要成分	Na_2SiO_3、$CaSiO_3$、SiO_2 熔合在一起形成的物质
主要性能	玻璃态物质，没有固定的熔点，在一定温度范围内逐渐软化

玻璃的生产工艺如图 6-14 所示。

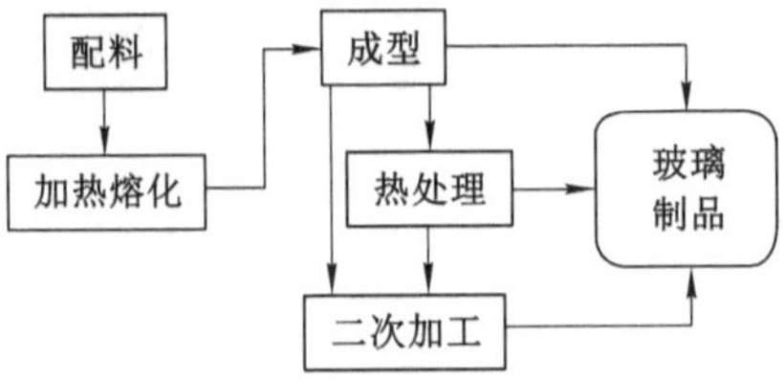

图 6-14　玻璃的生产工艺

玻璃的制造方法有垂直引上法、水平拉引法、压延法、浮法。

① 垂直引上法：是引上机从玻璃液面垂直向上拉引玻璃带的方法，分为有槽、无槽和对辊三种方法。

② 水平拉引法：是将玻璃带由自液面向上拉引 700 mm 左右高后，绕经转向辊再沿水平方向拉引。可以生产特薄或特厚玻璃，对玻璃的组成和温度波动十分敏感。

③ 压延法(图 6-15)：是利用一对水冷金属压延辊轮将玻璃液压延成玻璃带。因为压延的过程是在玻璃的塑性状态下进行的，所以会在玻璃表面留下辊痕，可用此法生产压花玻璃、夹丝玻璃。

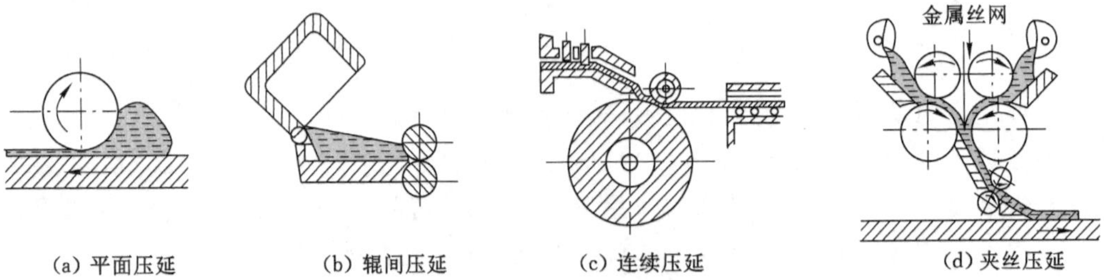

图 6-15　压延法

④ 浮法(图 6-16)：是在熔融的金属表面形成玻璃的方法，是现代最先进的平板玻璃生产方法。它具有产量高、质量好、规模大，板宽、板厚可调范围较大等优点。浮法生产玻璃的过程是在通入保护气体(N_2 及 H_2)的锡槽中完成的。熔融玻璃从池窑中连续流入并漂浮在相对密度大的锡液表面，在重力和表面张力的作用下，玻璃液在锡液面上铺开、摊平、硬化、冷却后被引上过渡辊台。辊台的辊子转动，把玻璃带拉出锡槽进入退火窑，经退火、裁切就得到平板玻璃产品。

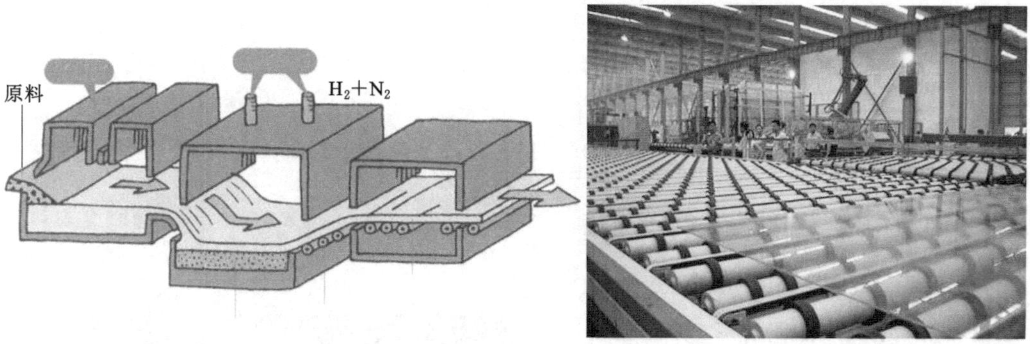

图 6-16　浮法

玻璃制品的成型工艺有压制成型(图 6-17)、吹制成型(图 6-18)、拉制成型(图 6-19)、加工纤维(图 6-20)。

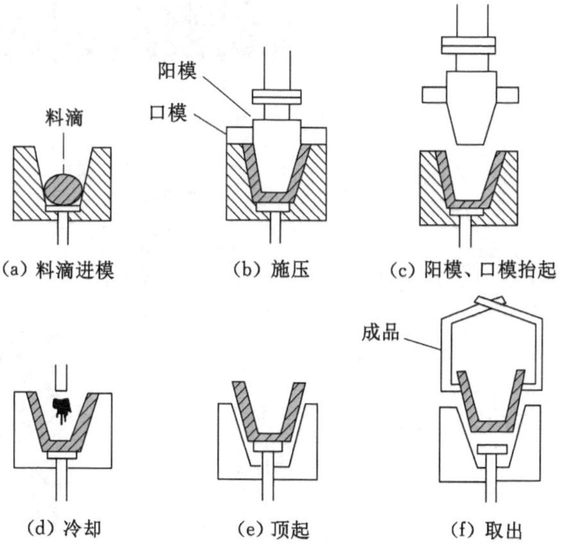

图 6-17　压制成型

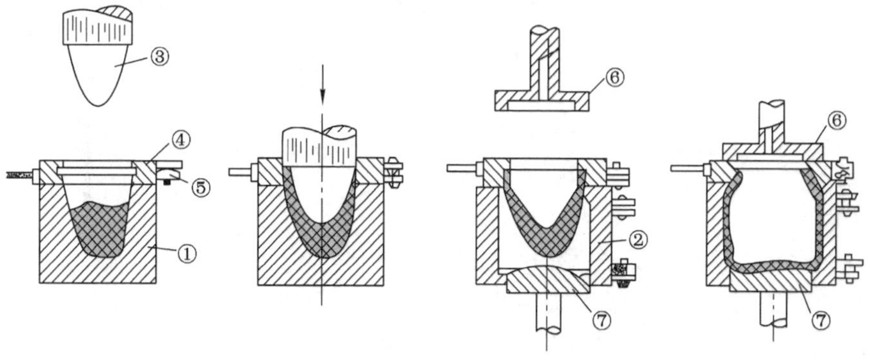

图 6-18　吹制成型

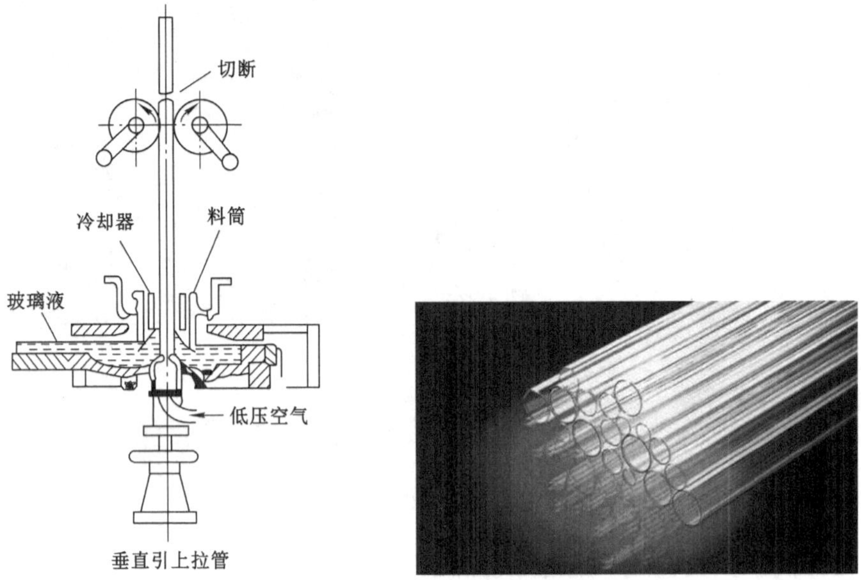

图 6-19　拉制成型

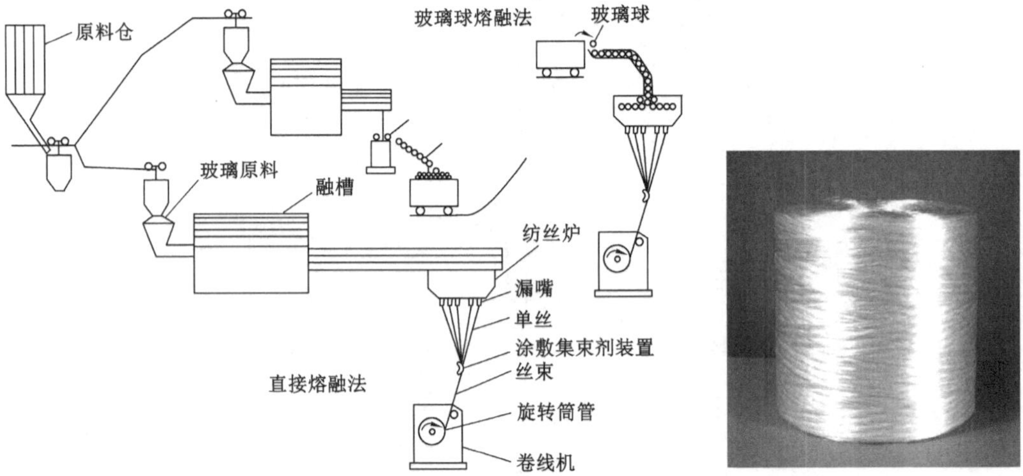

图 6-20　加工纤维

二、玻璃的结构与性质

1. 玻璃的结构

玻璃的结构体现为：① 原子排列长程无序，无平移对称性；② 原子排列短程有序，宏观上统计分布。兰德尔于 1930 年提出，玻璃是由 80%的直径等于 1.0～1.5 nm 左右的微晶组成，晶体取向无序（晶子说）。查哈里阿森于 1932 年提出，玻璃中硅氧以共价键结合在三维空间内形成连续的网络，强调了玻璃结构的连续性、统计均匀性、无序性（无规则网络学说）。两种观点近程有序而远程无序，不同之处是近程程度不同。玻璃的结构如图 6-21 所示。

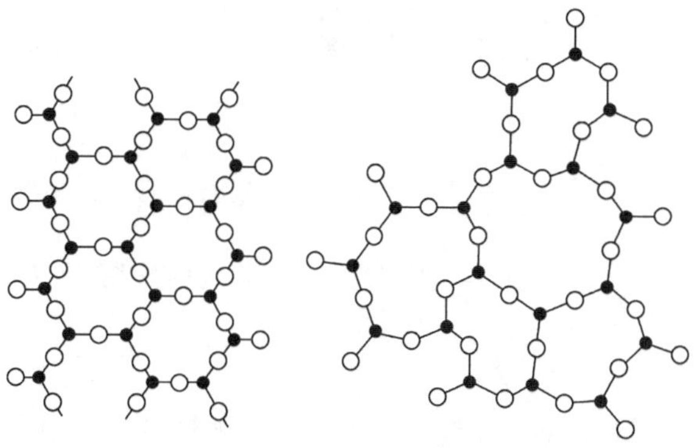

图 6-21　玻璃的结构

2. 玻璃的性质

玻璃在常温下虽呈固态,但不是晶体,称为玻璃态物质。玻璃是混合物,没有固定的熔沸点,受热只能慢慢熔化。力学性质:理论强度高,实际强度低;抗压强度高,抗拉强度低;硬度高,脆性大。物理性质:高度透明,具有很重要的光学性质;能透可见光和红外线。化学性质:化学性质稳定;抗酸腐蚀,但不抗碱。

三、玻璃的退火与淬火

玻璃的应力分为热应力、结构应力和机械应力三类。由于温度差而产生的内应力称为热应力。玻璃因化学组成不均导致结构上的不均匀分布产生的应力称为结构应力。由外力作用在玻璃上引起的应力,当外力除去时,应力随之消失,此应力称为机械应力。

1. 玻璃的退火

玻璃转变温度 T_g 附近某一温度称为退火温度。保温时能消除玻璃各部分的温度梯度,使应力松弛。退火上限温度:3 min 能消除应力的 95%;退火下限温度:3 min 能消除应力的 5%;一次退火:玻璃制品成型后立即进行的退火工艺;二次退火:制品冷却以后再进行退火的工艺。

玻璃的退火分为四个阶段:加热阶段、均热阶段、慢冷阶段和快冷阶段,如图 6-22 所示。

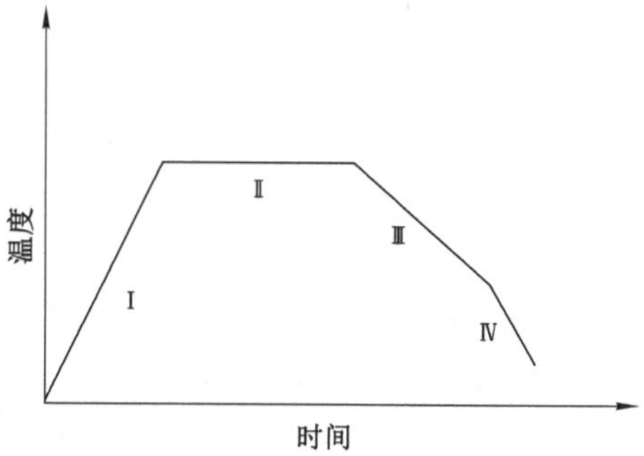

图 6-22　玻璃退火曲线图

(1) 加热阶段

加热速度:$20/a^2 \sim 30/a^2$(℃/min)。光学玻璃一般小于 $5/a^2$,a 为制品厚度的一半,单位为 cm。

(2) 均热阶段

退火温度:比退火温度上限温度低 20～30 ℃。保温时间 $t=70/a^2 \sim 120/a^2$;或按应力容许值进行计算:$t=520\dfrac{a^2}{\Delta n}$,$\Delta n$ 为以光程差表示的玻璃内残留内应力。

(3) 慢冷阶段

冷却速度(℃/min):$h_0=\dfrac{6\lambda(1-\mu)\sigma}{E\alpha(a^2-3x^2)}$,$\alpha$ 为膨胀系数;E 为弹性模量;λ 为导热系数;μ 为泊松比;h_0为冷却速度;a 为制品厚度的一半;x 为应力测试点离壁厚中线的一半。

对一般工业玻璃:$\dfrac{\alpha E}{6\lambda(1-\mu)}\approx 0.45$,因此,$\sigma=0.45h_0(a^2-3x^2)$(MPa)。

(4) 快冷阶段

玻璃在应变点以下温度冷却,只产生暂时应力。只要应力不超过其极限强度,就可提高冷却速度。

最大冷却速度:$h_c=65/a^2$;生产上采用较低的冷却速度,如计算值的 15%～20%,甚至采用$h_c<2/a^2$。

2. 玻璃的淬火

将玻璃制品加热到转变温度 T_g 以上,然后在冷却介质中急速均匀冷却,在这一过程中玻璃的内层和表面将产生很大的温度梯度,由此产生的应力因玻璃的黏滞流动而被松弛,造成了有温度梯度而无应力的状态。冷却到最后,温度梯度逐渐消除,松弛的应力即转化为永久应力,从而在玻璃表面形成均匀分布的压应力层。根据淬冷介质的不同,分为风冷淬火和液冷淬火。

(1) 淬火玻璃的特性

① 抗弯强度:比一般玻璃大 4～5 倍,厚度 5～6 mm 的淬火玻璃的抗弯强度可达 167 MPa。

② 抗冲击强度:比一般玻璃大几倍。

③ 热稳定性:淬火后可承受更宽范围温度变化(250～320 ℃),普通玻璃只有 70～100 ℃,热稳定性提高。

④ 其他性能:淬火玻璃破坏时,首先发生在内层。由张应力作用引起破坏的裂纹传播速度很大,同时外层的压应力有保持破碎的内层不易散落的作用,因此淬火玻璃在破坏时只产生没有尖锐角的小碎片,因此它亦称为安全玻璃。

(2) 玻璃的淬火工艺

① 风冷淬火:玻璃→电加热淬火炉→风栅急冷→性能检测→包装。

② 液冷淬火:制品→加热→液冷→洗涤→检验→包装。

(3) 影响玻璃淬火的工艺因素

影响玻璃淬火的工艺因素有淬火温度、冷却速度、玻璃的化学组成、厚度。

① 淬火温度:玻璃急冷时的温度。淬火冷却速度越快,淬火程度越大。

② 玻璃的组成:应力与玻璃的热膨胀系数、弹性模量及温度差成正比,与泊松比成反比,因此淬火程度与玻璃的组成有关。

③ 玻璃的厚度:相同的淬火条件,玻璃越厚,淬火程度越高,因此在非平板玻璃制品淬火时,要求厚度均匀、厚度差不能太大,否则会因应力分布不均而破裂。

四、玻璃的加工

玻璃制品的加工方法有冷加工、热加工和表面处理等。

1. 冷加工

玻璃的冷加工又称机械加工。在常温下通过机械方法来改变玻璃及玻璃制品的外形和表面状态的过程,称为冷(机械)加工。

冷(机械)加工的基本方法有研磨与抛光、切割、磨砂、喷砂、刻花、钻孔和切削等。

(1) 玻璃研磨

1665 年,胡克提出研磨是用磨料将玻璃磨削到一定的形状,抛光是研磨的延伸,从而使玻璃表面光滑,纯粹是机械作用。这一认识延续至 19 世纪末。

(2) 玻璃抛光

对玻璃的抛光机理的认识,目前存在着不同的见解,有些见解还带有假说性质,比较公认的是相互交错的机械、化学和物理化学作用的概念,用来解释抛光过程的生产效率及抛光表面质量的影响等比较确切。

2. 热加工

玻璃制品的热加工原理与成型的原理相似,主要是利用玻璃黏度随温度改变的特性以及表面张力与导热系数来进行的。各种类型的热加工都必须把制品加热到一定的温度,由于玻璃的黏度随温度升高而减小,同时玻璃导热系数较小,所以能采取局部加热的方法,在需要热加工的地方使之局部达到变形、软化,甚至熔化流动,以进行切割、钻孔、焊接等加工。

玻璃制品热加工的主要方法有烧口、火抛光、火焰切割或钻孔、真空成型。

3. 玻璃的表面处理

① 玻璃的化学蚀刻:用 HF 溶掉玻璃表面层的硅氧,根据残留盐的溶解度的不同,可以得到有光泽或无光泽毛面。

② 玻璃的化学抛光:单纯的化学侵蚀作用,适用于玻璃器皿;化学侵蚀与机械研磨相结合,适用于平板玻璃。

③ 表面着色(扩散着色):在高温下用着色离子的金属、熔盐、盐类糊膏涂覆在玻璃表面上,使着色离子与玻璃中的离子进行交换,扩散到玻璃表层中,使玻璃着色。

五、玻璃的钢化处理

1. 物理钢化(热钢化)

将玻璃加热到应变温度以上,然后使热的玻璃表面均匀快速冷却,表面的热状态结构被冻结,当玻璃内部逐渐降低温度时,先冷却的外表面层会制约内部的收缩。当温度梯度消失,原松弛应力转化为永久应力,于是玻璃表面压应力在玻璃内部形成张应力,从而提高玻璃的强度和热稳定性。

物理钢化的分类见表 6-6。

表 6-6　物理钢化的分类

按冷却介质分类	风钢化	高压空气作冷却介质增强的玻璃
	液体钢化	油类或水雾等作冷却介质增强的玻璃
	熔盐钢化	易熔盐作冷却介质增强的玻璃
	固体钢化	高导热的固体颗粒作冷却介质增强的玻璃
按钢化程度分类	全钢化玻璃、半钢化玻璃、区域钢化玻璃	
按钢化玻璃形状分类	平钢化玻璃	垂直钢化(风冷)、水平钢化(辊道法、气垫法)
	弯钢化玻璃	垂直钢化(压模弯曲法)、水平钢化(辊道法、气垫法)

2. 化学钢化

化学钢化是基于玻璃表面离子迁移,其过程是把加热的含碱玻璃浸于熔盐中处理,通过玻璃与熔盐的离子交换改变玻璃表面的化学组成,使玻璃表面形成压应力层,又称为离子交换增强。

化学钢化分为低温型离子交换和高温型离子交换。高温型离子交换时间短,强度高,应力不易松弛,成本高;低温型离子交换强度相对较低,成本低廉,故常用低温型离子交换。

化学钢化与物理钢化相比具有下列优缺点:

优点:强度大,应力均匀,表面结构致密,化学稳定性高,热稳定性好,无自爆,平整度好,不变形,对玻璃的厚度和形状无要求。化学钢化玻璃可以进行切割、磨边、热弯、夹层等再加工。

缺点:应力层薄,内部与其平衡的拉应力很小,玻璃破碎时不如物理钢化那样碎成细小的碎片。生产周期长,能耗大,成本高,主要用在高技术领域。

六、玻璃的其他种类

1. 夹层玻璃

由两片或两片以上的玻璃用合成树脂胶片黏结在一起而制成的一种安全玻璃,如图 6-23 所示,多用于汽车、船舶、电视屏保护罩等。

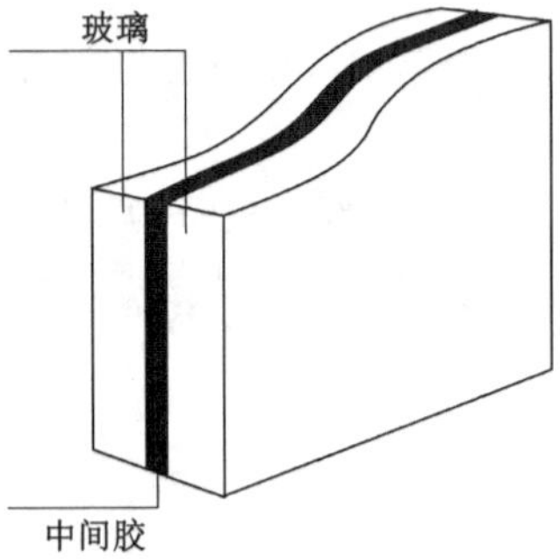

图 6-23　夹层玻璃

① 抗贯穿性夹层玻璃(HPR):主要应用于汽车风挡,它是采用两片 3 mm 玻璃和一片厚为 0.76 mm 的高抗贯穿能力的胶片胶黏而成。

② 电热线夹层玻璃：把夹层玻璃中的电热线（常用钨丝）通电加热后，玻璃保持一定的温度，从而防止玻璃表面在冬季结露、结霜、结冰等现象。

③ 导电膜夹层玻璃：在玻璃表面上喷涂四氯化锡溶液形成一层氯化锡导电膜而成为导电玻璃，而后按夹层玻璃生产方法制得。

2. 中空玻璃

中空玻璃在两片玻璃之间的周边镶有垫条，从而构成一个充满干燥气体的整体，常用于采暖和空调的建筑，尤适于寒冷地区的建筑物使用，具有良好的隔音、隔热和抗结露性能，总厚度为 12 mm，空气层厚度 6 mm 的双层中空玻璃（常以 3＋6＋3 表示其厚度规格）能使噪声降低到 29 dB。

3. 镀膜玻璃

镀膜玻璃制备方法分为四类：从溶液沉积薄膜、CVD 沉积薄膜、PVD 沉积薄膜、电化学沉积薄膜，可得到金属膜、氧化物膜、有机膜等。

第三节　陶　　瓷

传统上陶瓷的定义：所有以黏土为主要原料与其他天然矿物原料经过粉碎、混炼、成型、烧结等过程而制成的各种制品。一般陶瓷的定义：是指用陶瓷生产方法制造的无机非金属固体材料和制品的通称。

陶瓷可分为普通陶瓷和特种陶瓷，见表 6-7。

表 6-7　陶瓷分类

普通陶瓷	日用陶瓷（包括艺术陈列陶瓷）
	建筑卫生陶瓷
	化工陶瓷
	化学瓷
特种陶瓷	电瓷及其他工业用陶瓷
	结构陶瓷
	功能陶瓷

陶与瓷都是硅酸盐产品，但在原料、温度、强度、颜色、厚度、透水性、质地等方面有区别。

一、陶瓷的制备工艺

材料精选（矿物精选）→化学处理→原料粉化→制备陶瓷粉→生坯（成型）→烧结→机械加工→陶瓷成品，制备流程及工艺流程如图 6-24、图 6-25 所示。

二、陶瓷的结构与性能

1. 陶瓷的结构

传统陶瓷的典型组织结构由晶相、玻璃相和气相组成。一般来说，特种陶瓷的原料都很纯，组织比较单一。

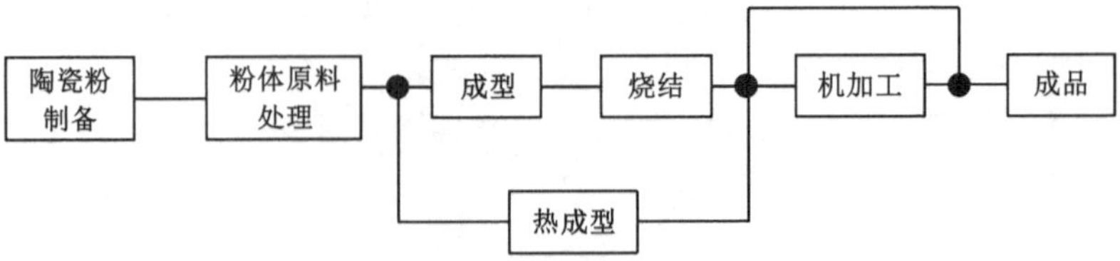

图 6-24　陶瓷的制备流程

图 6-25　陶瓷的工艺流程

2. 陶瓷的性能

力学性能:刚度高、强度高、硬度大,但是很脆(缺点之一)。热学性能:导热性比金属差(作绝热材料),热稳定性比金属差(缺点之二)。其他性能:导电性变化范围大(大多是良好的绝缘体,有些可作半导体),耐火性好,化学稳定性高,耐酸碱腐蚀。总的来说,陶瓷材料具有不可燃烧性、高耐热性、高化学稳定性、高的硬度和良好的抗压能力,但脆性很高、热稳定性差、抗拉强度较低。

三、普通陶瓷

1. 日用陶瓷

日用陶瓷一般具有良好的白度、光泽度、透光性、热稳定性和强度,主要应用于茶具、餐具和工艺品。

2. 普通工业陶瓷

普通工业陶瓷一般包括建筑陶瓷、卫生陶瓷、电器绝缘陶瓷、化工陶瓷等。

① 建筑陶瓷:以黏土为主要原料而制得的用于建筑物的陶瓷。粗陶瓷:以难熔黏土为主要原料,包括砖、瓦、盆罐等。精陶瓷:以瓷土和高岭土为主要原料,包括釉面砖、建筑卫生陶瓷等。炻瓷:以陶土和黏土为主要原料,包括地砖、外墙砖、耐酸陶瓷等。

② 卫生陶瓷:以高岭土为主要原料而制得的用于卫生设施的带釉陶瓷制品,有陶质、炻瓷质和瓷质等。

③ 电器绝缘陶瓷：又称电瓷，是作为隔电、机械支撑及连接用的瓷质绝缘器件，分为低压电瓷、高压电瓷和超高压电瓷等。

④ 化工陶瓷：要求耐酸、耐高温，具有一定的强度，主要用于化学、化工、制药、食品等工业。

四、特种陶瓷

1. 结构陶瓷

结构陶瓷是以高温、高强、超硬、耐磨、抗腐蚀等机械力学性能为主要特征，包括氧化物结构陶瓷、碳化物结构陶瓷、氮化物结构陶瓷。其中，氧化物结构陶瓷化学稳定性好、抗氧化性强、熔融温度高、高温强度高，如氧化铝陶瓷、氧化锆陶瓷、氧化铍陶瓷、氧化镁陶瓷等。

(1) 氧化铝陶瓷

氧化铝陶瓷又称高铝陶瓷，主要成分是 Al_2O_3 和 SiO_2，主晶相为刚玉（α-Al_2O_3），随着 SiO_2 质量百分数的增加，还出现莫来石和玻璃相。根据陶瓷坯中主晶相的不同，分为刚玉瓷、刚玉-莫来石瓷和莫来石瓷。Al_2O_3 有三种结晶形态，即 α、β、γ 型。α 型是高温型，γ 型是低温型。其中，刚玉瓷的性能最佳，主要成分是 Al_2O_3＋少量 SiO_2。刚玉-莫来瓷（75 瓷）含 75%Al_2O_3，刚玉瓷（95 瓷）含 95%Al_2O_3，（99 瓷）含 99%Al_2O_3。氧化铝陶瓷的性能及应用：① 强度高；② 硬度高，用于机械加工磨料、磨具、切削工具等；③ 熔点高、抗腐蚀化学稳定性好、电绝缘性好、光学性能好。氧化铝陶瓷产品如图 6-26 所示。

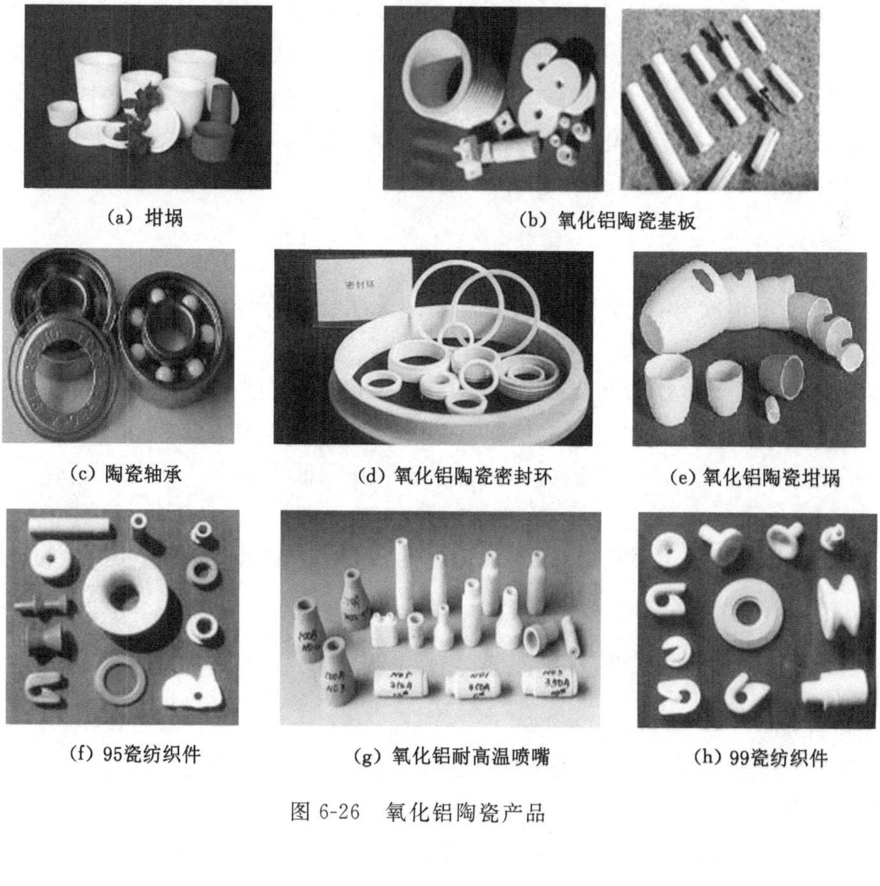

(a) 坩埚　(b) 氧化铝陶瓷基板

(c) 陶瓷轴承　(d) 氧化铝陶瓷密封环　(e) 氧化铝陶瓷坩埚

(f) 95瓷纺织件　(g) 氧化铝耐高温喷嘴　(h) 99瓷纺织件

图 6-26　氧化铝陶瓷产品

(2) 氧化锆陶瓷

氧化锆陶瓷热导率小,是理想的高温绝热材料;化学稳定性好,能抵抗酸性或中性熔渣的侵蚀,可用作特种耐火材料;硬度高,可制作冷成型工具、整形模、切削工具、剪刀等;强度高、韧性好,可制作发动机构件等。

(3) 氧化铍陶瓷

氧化铍晶体无色,属六方晶系,在固态下无晶型转变,结构稳定。氧化铍陶瓷导热系数大,线膨胀系数不大,抗热振性高,高温电绝缘性好,电导率低,介电常数高;硬度与 Al_2O_3 差不多,化学稳定性好,是抵抗碳还原作用最强的一种氧化物。

(4) 氧化镁陶瓷

氧化镁陶瓷耐高温、抗金属及碱性熔渣腐蚀,可以用作坩埚冶炼高纯度 Fe、Mo、Cu、Mg 等,也可用于高温热电偶保护套等。

2. 功能陶瓷

功能陶瓷是指具有电、光、磁以及部分化学功能的多晶无机固体材料,其功能的实现主要来自它所具有的特定的电绝缘性、半导体性、导电性、压电性、铁电性、磁性、生物适应性等。功能陶瓷包括电子陶、光学陶、超导陶、生物陶、磁性陶、敏感陶等。

第四节 耐火材料

耐火材料是指耐火度不低于 1 580 ℃,用于热工设备中能抵抗高温作用的结构部件和高温容器的无机非金属材料,也包括天然矿物和岩石。各国的定义不同,但基本概念是一致的,即作高温窑炉等设备的结构材料,能承受相应的物理化学变化及机械作用。耐火度指材料在高温作用下达到特定软化程度的温度,表征材料抵抗高温作用的性能,取决于化学组成和矿物组成。

一、耐火材料的分类

① 按尺寸和形状分:标型耐火制品、普型耐火制品、异型耐火制品、特型耐火制品、超特型耐火制品。

② 按气孔率分:特致密制品(显气孔率低于 3%)、高致密制品(显气孔率低于 3%~10%)、致密制品(显气孔率低于 10%~16%)、烧结制品(显气孔率低于 16%~20%)、普通制品(显气孔率低于 20%~30%)、轻质制品(显气孔率低于 45%~85%)、超轻质制品(显气孔率 85% 以上)。

③ 按应用分:高炉用耐火材料、水泥窑用耐火材料、玻璃窑用耐火材料、陶瓷窑用耐火材料。

二、耐火材料的使用性质

1. 耐火度

耐火度是耐火材料在无荷重条件下,抵抗高温作用而不熔化的性质。

耐火度测定按 GB/T 7322 的规定进行。试样:上底为 2 mm 的等边三角形,下底为 8.5 mm 的等边三角形,高为 30 mm 的截头三角锥(测温锥),如图 6-27 所示。

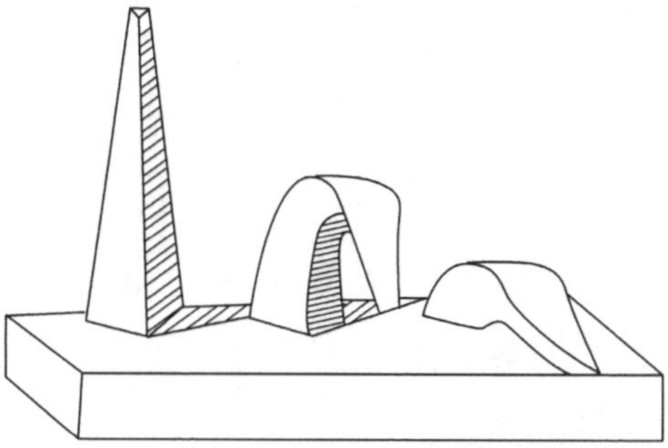

图 6-27 耐火度测定

2. 荷重软化温度

荷重软化温度指耐火材料在一定的重力负荷和热负荷共同作用下，达到某一特定压缩变形时的温度。试样尺寸：外径 50 mm、内径 12.5 mm、高 50 mm 的圆柱体，负荷 0.196 2 MPa。在温度-变形曲线上注明三点：① 荷重软化开始温度——压缩 0.3 mm；② 荷重软化终止温度：压缩 2 mm；③ 荷重溃裂温度——压缩 20 mm。

影响荷重软化温度的因素：① 存在的结晶相、晶体构造和性状；② 晶相和液相的数量及液相在一定温度下的黏度。

3. 高温体积稳定性

高温体积稳定性是指耐火材料在高温下长期使用时，其外形体积保持稳定不发生变化的性能。一般以制品在无重负荷作用下，重烧体积变化百分率或重烧线变化百分率来衡量其优劣。

4. 耐热震性

耐热震性又称热震稳定性、耐急冷热性，表征耐火材料抵抗温度急剧变化而不破坏的能力。

5. 抗渣性、抗氧化性及抗水化性

抗渣性、抗氧化性及抗水化性指耐火材料在高温下抵抗熔渣及其他熔融液体侵蚀而不易损毁的性能。抗渣性与材料的化学矿物组成、微观和宏观结构密切相关。

6. 耐真空性

耐真空性指耐火材料在真空和高温下使用时的耐久性。

7. 制品形状的规整性和尺寸的准确性

正确的形状、准确的尺寸对于砌筑体的严密性和使用寿命有很大的影响，为砌筑施工提供了有利的条件。

8. 高温蠕变性能

高温蠕变性能是指在一恒定温度和固定载荷下，材料的形变与时间的关系。分高温压缩蠕变、高温拉伸蠕变和高温抗折蠕变，我国通常采用高温压缩蠕变。

蠕变的三个阶段：一次蠕变（减速蠕变），变形速度曲线斜率随着时间的延长而减小；二次蠕变（匀速或稳态蠕变），变形速度不变；三次蠕变（加速蠕变），变形速度曲线斜率随着时间的延长而增大，如图 6-28 所示。

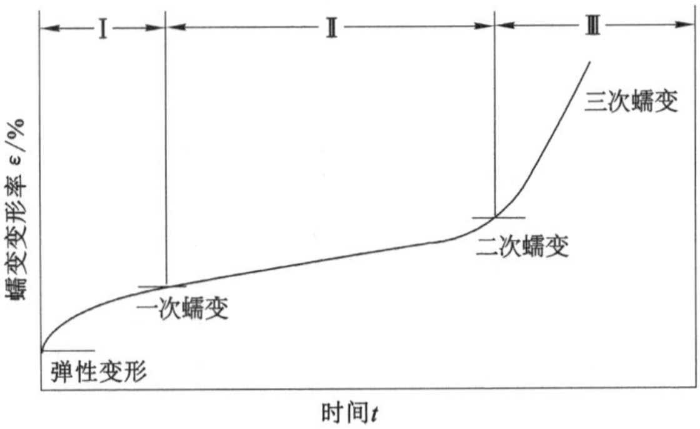

图 6-28　蠕变曲线图

三、耐火材料的应用领域

高温作业领域的基础材料主要应用在各种热工设备和高温容器中作为抵抗高温作用的结构材料和内衬。如冶金工业的炼焦炉，水泥工业、玻璃工业、陶瓷工业中的窑炉或其内衬，均是由耐火材料筑成的。其他如化工、动力、机械制造等工业高温作业部门中的各种焙烧炉、烧结炉、加热炉、锅炉及其附设火道、烟道、保温层等都必须使用耐火材料。

四、耐火材料的结构

1. 耐火材料的微观结构

耐火材料是多相组成体，其中基质是填充在主晶相之间的结晶矿物和玻璃相。根据成分的不同，可以把耐火制品分为两类：含有晶相和玻璃相的多成分耐火材料和仅含晶相的多成分制品。耐火制品的微观组织如图 6-29 所示。

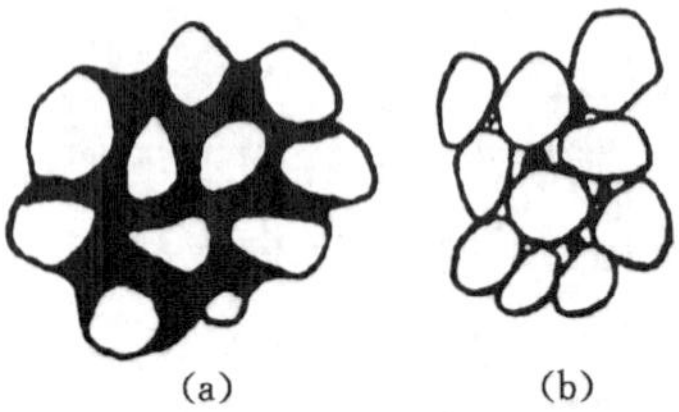

图 6-29　耐火制品的微观组织结构图

2. 耐火材料的宏观结构

耐火材料的宏观结构可理解为物质的颗粒、相位与气孔在数量上的相互关系及分布。可用气孔率、透气率、比表面积、结构类型、各向异性、相的空间分布等指标表征。耐火制品的气孔结构如图 6-30 所示。

耐火材料使用时，气孔的合并导致气孔的长大。气孔具有迁移性，在有温度梯度时，气孔由低温区向高温区移动。

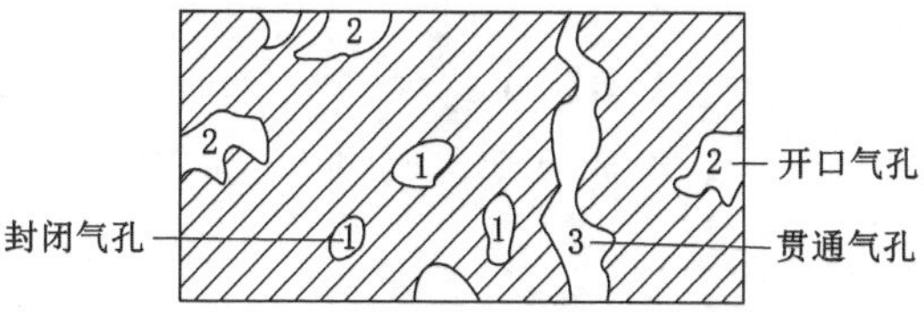

图 6-30　耐火制品的气孔结构

五、典型耐火材料

1. 硅酸铝质耐火材料(SiO_2-Al_2O_3)

硅酸铝质耐火材料以 Al_2O_3 和 SiO_2 为基本化学组成，根据制品中的相对含量，硅酸铝质耐火材料可分为四类：① 半硅质耐火材料，Al_2O_3 含量为 15%～30%；② 黏土质耐火材料，Al_2O_3 含量为 30%～46%；③ 高铝质耐火材料，Al_2O_3 含量大于 46%；④ 刚玉质耐火材料，Al_2O_3 含量大于 90%。

Al_2O_3-SiO_2 系统中，在高温下固液相的数量及其比例、共熔温度的高低、完全熔融温度以及液相数量随温度的升高的增长因素决定着制品的高温性质。因此，可通过理论上的分析来判断制品的耐火性质。杂质的存在会降低耐火材料的耐火性质和高温力学性质。

用天然黏土作原料，将一部分黏土预先煅烧成熟料，并与部分生黏土配合制成含量为 30%～46%的耐火制品。属于弱酸性耐火材料，主要有黏土砖和不定形耐火材料。黏土砖采用半干压成型，在 1 250～1 350 ℃温度下烧成。对于 Al_2O_3 含量高的制品，在 1 250～1 350 ℃温度下、氧化气氛中烧成。按耐火度高低分成特等(>1 750 ℃)、一等(>1 730 ℃)、二等(>1 670 ℃)、三等(>1 580 ℃)四个等级。

2. 高铝质耐火材料

Al_2O_3含量大于 47%的硅酸铝质耐火材料，按 Al_2O_3 含量的多少分为三个等级：大于 75%、大于 60%～75%、大于 47%～60%。按矿物组成分为三类：低莫来石及莫来石质(Al_2O_3:48%～71.8%)，莫来石-刚玉质及刚玉-莫来石质(71.8%～95%)，刚玉质(95%～100%)。Al_2O_3 含量增高，莫来石和刚玉成分的数量也增加，玻璃相相应减少，制品的耐火性随之提高。

Al_2O_3 含量小于 71.8%时，莫来石是唯一的高温稳定相，且随 Al_2O_3 含量增高，莫来石相含量增加；Al_2O_3 含量大于 71.8%时，莫来石和刚玉是高温稳定相，随 Al_2O_3 含量增高，刚玉相含量增加，高温性能提高。

3. 硅质耐火材料

硅质耐火材料是指以 SiO_2为主要成分的酸性耐火材料，主晶相为鳞石英和方石英，基质为石英玻璃相。硅质耐火材料耐酸性炉渣侵蚀，但受碱性渣侵蚀强烈，荷重软化温度高；残余膨胀保证了砌筑体具有良好的气密性和结构强度；耐磨、导热性好；热震稳定性低，耐火度不高，主要应用在焦炉、玻璃熔窑、酸性炼钢炉以及其他热工设备中。

(1) 硅砖

硅砖指以 SiO_2 含量不低于 97%的硅石为原料，加入少量矿化剂，经一系列工序加工而成的硅质耐火材料。

(2) 白泡石砖(天然硅砖)

白泡石砖(天然硅砖)是半酸性天然耐火材料,产于我国的四川、贵州、湖北等地。SiO_2含量为 73%~90%、Al_2O_3 含量为 7.6%~21%,主晶相为 SiO_2,耐火度在 1 570~1 630 ℃。

(3) 石英玻璃制品

石英玻璃制品是以石英玻璃为原料而制得的。氧化硅含量大于 99.5%的熔融石英的膨胀系数为 0.54×10^{-6}/℃,它具有热震稳定性好,耐化学侵蚀、耐冲刷、高温强度大,能抵抗高温下有害介质侵入的特点。

六、镁质耐火材料

镁质耐火材料是指以镁石为原料,以方镁石(MgO)为主要矿物组成,MgO 含量在 80%~85%以上的耐火材料。

1. 镁质耐火材料生产的物化基础

镁质耐火材料的主晶相是方镁石。方镁石是 MgO 的唯一结晶形态,多由煅烧碳酸镁而来。

镁质耐火材料的结合相是铁酸镁(镁铁尖晶石)。如图 6-31 所示,方镁石与 Fe_2O_3 在氧化气氛中 600 ℃可形成铁酸镁。当反应温度提高到 1 200~1 400 ℃时就更加活跃。MgO 吸收大量 Fe_2O_3 后耐火度仍很高。

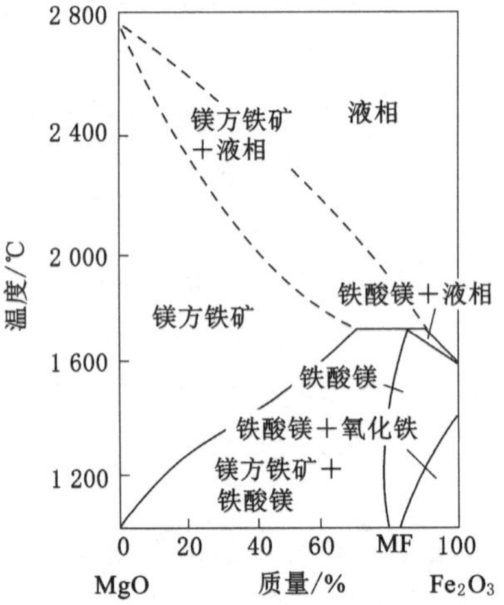

图 6-31 MgO-Fe_2O_3 系统相图

2. 镁质耐火材料的主要品种及生产

① 普通镁砖:以烧结镁石为原料,经 1 500~1 600 ℃烧结而制成的镁质耐火制品。主晶相为 MgO(91%左右),结合相为硅酸盐。为防止生成 FeO-MgO 固溶体,使氧化铁生成 MF,既能促进制品烧结,又不显著降低耐火性能,一般采用弱氧化气氛烧成。

② 镁铝砖:以烧结镁石为主要原料,加入适量富含 Al_2O_3 的原料(如高铝矾土或生、熟料均可),经 1 580~1 620 ℃的温度烧结而成,含 MgO 85%左右、Al_2O_3 5%~10%,是以方镁石为主晶相,由镁铝尖晶石结合的镁质耐火制品。

③ 镁铬砖：由 40%～80%的烧结镁砂和 20%～60%的铬铁矿在 1 650 ℃烧制而成。其主晶相为方镁石，结合相为镁铬尖晶石。烧成气氛对其结构影响很大。氧化气氛下很多尖晶石进入与方镁石形成的固溶体中，而铬铁矿相中的 FeO 则被氧化，氧化气氛引起方镁石的晶粒长大和沉析尖晶石的增加。还原气氛则使金属氧化物还原为铁铬金属。

④ 镁硅砖：以高硅镁石经高温煅烧成镁硅砂作为原料，经 1 620～1 650 ℃烧制而成，含 SiO_2 5%～11%，$CaO/SiO_2 \leqslant 1$。它是由镁橄榄石（$2MgO \cdot SiO_2$）结合的镁质耐火材料。

⑤ 镁钙砖：以高钙的烧结镁石为原料，经 1 600～1 680 ℃烧制而成，含 CaO 6%～10%，$CaO/SiO_2 \geqslant 2$，主晶相为方镁石。它是由硅酸三钙和硅酸二钙结合的镁质耐火材料。

⑥ 直接结合镁砖：以高纯烧结镁砂为原料，经烧结制成，含 MgO 95%以上，是方镁石晶粒间直接结合的镁质耐火材料。

⑦ 镁碳砖：以烧结镁石或电熔镁石为主要原料，并加入适量石墨和含碳的有机结合剂，经高压成型制成，含 C 10%～40%，是碳结合的镁质耐火制品。

⑧ 不烧结镁质制品及不定形镁质耐火材料等。

3. 镁质耐火材料的应用

① 普通镁砖：能经受高温热负荷、流体的流动冲击和钢液与强碱性熔渣的化学侵蚀。如平炉、转炉、电炉、化铁炉、有色金属冶炼炉、均热炉和加热炉的炉床，以及水泥窑和玻璃窑蓄热室等使用此种耐火制品。但因其耐热震性较差，故不宜使用于温度急剧变化之处。另外，由于其热膨胀性较大和荷重软化温度较低，用于高温窑炉炉顶时必须用吊挂方式。

② 镁钙砖和镁硅砖：使用条件与普通镁砖相同。由于荷重软化温度较高，且镁钙砖抗碱性渣的性能更良好，镁硅砖也具有抗各种渣的能力，故适用范围更为广泛。耐热震性较差，易崩裂。

③ 镁铝砖：可代替普通镁砖，用于上述部位效果良好。因此种制品耐热震性优良，荷重软化温度也较高，故也可用于遭受周期性温度波动之处，如用于平炉炉顶、水泥窑高温带和玻璃熔窑蓄热室等处，使用效果明显优于普通镁砖。也可用于其他高温窑炉，如高温隧道窑等的炉顶。

④ 镁铬砖：宜在高温、渣蚀和温度急剧变化的条件下使用。用在与镁铝砖相似的工作条件之处，如在平炉炉顶、有色金属冶炼炉、水泥窑的高温带和玻璃窑蓄热室中，效果更佳。但不宜使用在气氛频繁变化的条件下。

⑤ 镁碳砖：其抗渣性良好，不易产生结构剥落，而且耐热震性好，不易产生热崩裂，故宜用于受渣蚀严重和温度急变之处。此种制品现已成为氧气炼钢转炉炉衬和电炉炉壁的主要材料。在盛钢桶中也广泛应用，但是此种材料不宜直接在强氧化气氛下使用。

七、熔铸耐火材料

熔铸耐火材料指原料及配合料经高温熔化后浇铸成一定形状的制品。熔融方法有电熔法和铝热法两种。熔铸耐火制品的一般生产工艺为：原料制备→加工→配料→混合加工→熔融→浇铸成型→机械加工。

熔铸制品：熔铸锆刚玉砖、莫来石砖、锆莫来石砖、刚玉砖以及石英质、镁质、尖晶石等。熔铸制品与烧结法制品相比，有以下特点：① 制品很致密，气孔少，密度大；② 机械强度高；③ 高温结构强度大；④ 导热性高，抗渣性好。

1. 熔铸莫来石耐火材料

熔铸莫来石耐火材料以高铝矾土或工业氧化铝、黏土或硅石进行配料，在电弧炉内经1 900～2 200 ℃熔融，再用砂模浇铸成型及热处理制成，其主要矿物成分是莫来石。熔铸莫来石耐火材料可作玻璃熔窑中温度低于1 450 ℃区域的砌筑体。

2. 熔铸锆刚玉耐火材料

熔铸锆刚玉耐火材料以精选锆英石和工业氧化铝为原料，先将粉料混合制成料球，在电弧炉内经2 000 ℃左右熔化，然后将熔液浇注入砂模或金属模内成型，经热处理和机械加工而成熔铸刚玉耐火制品。该制品可用于直接与金属液和熔渣接触处，是抗侵蚀的良好材料，是玻璃熔窑受侵蚀最严重的关键部位不可缺少的材料，也用于金属冶炼炉和容器中受渣蚀严重之处。但是，此种材料不宜用于900～1 150 ℃范围内温度频繁变化的部位。

3. 熔铸高铝耐火材料

熔铸高铝耐火材料的结晶特性和结构形式在很大程度上取决于化学组成和向模型中浇铸熔液的温度。纯氧化铝的高铝熔液具有较低的黏度，因此其结晶能力强。由于熔液来不及排除气体，因而形成的铸件有大量气孔，难以获得致密均匀的铸件。为此，常加入少量碱性氧化物，以生成β-Al_2O_3，可以减少铸件的气孔率，获得致密均匀的铸件。如含有6.5%碱性氧化物的β-Al_2O_3耐火材料，只有一个结晶相β-Al_2O_3，其熔液的组成与结晶相的组成相同，但和玻璃液接触会很快破坏，因此只能用于玻璃窑的上部结构。α-Al_2O_3和(α+β)-Al_2O_3，耐火材料纯度高、杂质含量少、玻璃相含量低、不会污染玻璃液，可用于玻璃窑与玻璃液接触部位。

八、轻质耐火材料

轻质耐火材料是指气孔率高、体积密度低、热导率低的耐火材料。轻质耐火材料的特点是具有多孔结构(气孔率一般为40%～85%)和高的隔热性。

1. 轻质耐火材料分类

按体积密度分类，体积密度为0.4～1.3 g/cm^3的为轻质耐火材料；低于0.4 g/cm^3的为超轻质耐火材料。

按使用温度分类，使用温度在600～900 ℃的为低温隔热材料；900～1 200 ℃的为中温隔热材料；超过1 200 ℃的为高温隔热材料。

按制品形状分类：① 定形的轻质耐火砖，包括黏土质、高铝质、硅质以及某些纯氧化物轻质砖等；② 不定形轻质耐火材料，如轻质耐火混凝土等。

2. 轻质耐火材料的生产方法

① 泡沫法：主要用于生产轻质高铝砖。首先，将由高铝熟料、结合黏土或再加锯末组成的混合料加水，制成含水25%～30%的浆状泥料，送入打泡机中制造泡沫，混合均匀，然后用泡沫饱和的泥浆进行浇注，连同模子一起干燥，在1 300～1 350 ℃温度下烧成。

② 化学法：利用加入物在泥浆中发生化学反应产生气泡来实现的，如在泥浆中加入白云石和硫酸，就可发生化学反应产生气泡。

③ 多孔材料法：用天然的硅藻土或人造的黏土泡沫熟料、氧化铝或氧化锆空心球等多孔原料制取轻质耐火材料。

九、耐火纤维

耐火纤维是纤维状的耐火材料，是一种新型高效绝热材料。它既具有一般纤维的特性（如柔软、强度高，可加工成各种棉、绳、带、毡、毯等），又具有普通纤维所没有的耐高温、耐腐蚀性能，并且大部分耐火纤维抗氧化，克服了一般耐火纤维的脆性。

1. 耐火纤维的生产方法

① 熔融喷吹法：将原料在高温电炉内熔融，形成稳定的流股引出，用压缩空气或高压蒸汽喷吹成纤维丝。

② 熔融提炼法和回转法：高温炉熔融物料形成流股，再进行提炼，或通过高速回转的滚筒而成纤维。

③ 高速离心法：用高速离心机将流股甩成纤维。

④ 胶体法：将物料配制成胶体盐类，并在一定条件下固化成纤维坯体，最后煅烧成纤维。

此外还有载体法、先驱体法、单晶拉丝法和化学法等。

2. 耐火纤维的分类及使用温度

① 天然石棉：天然石棉使用温度 600 ℃。

② 非晶质：包括玻璃棉、石棉（岩棉）、玻璃质石英纤维（1 000～1 200 ℃）、硅酸铝质纤维。其中，硅酸铝质纤维分为：一般制品（<1 200 ℃）、添加 Cr_2O_3 制品（<1 200～1 400 ℃）、高铝质（1 200～1 400 ℃）。

③ 单结晶：碳化硅（<1 200 ℃）、氧化铝（<1 800 ℃）、氧化镁（<1 800 ℃）。

④ 多结晶：熔融石英纤维、高铝纤维（<1 400 ℃）、二氧化锆纤维（<1 600 ℃）、钛酸钾质纤维（<1 100～1 200 ℃）、碳化硼质纤维（<1 500 ℃）、碳纤维（<2 500 ℃）、硼纤维（<1 500 ℃）。

十、氧化铝、氧化锆空心球及其制品

氧化铝空心球及其制品耐高温、保温性好、具有较好的热震稳定性和较高的强度。空心球材料的体积密度小、热容小，可以提高高温炉的热效率，缩短生产周期，能大大减小炉体质量，能直接作为高温窑炉的内衬，可在 1 800 ℃下长期使用，氢气氛下稳定。

氧化锆空心球及其制品：能在 2 200 ℃下长期使用，导热系数低，隔热性更好，是一种高级耐火材料。氧化锆空心球制品可直接作为 2 200～2 400 ℃高温炉内衬。

思　考　题

一、选择题

1. 有色玻璃（蓝色）含有（　　）。

A. SiO_2　　B. Co_2O_3　　C. Cu_2O　　D. PbO

2. 有色玻璃（红色）含有（　　）。

A. SiO_2　　B. Co_2O_3　　C. Cu_2O　　D. PbO

3. 陶瓷材料有两个缺陷(　　)。

A. 熔点高,很脆

B. 很脆,热稳定性比金属差

C. 熔点高,热稳定性比金属差

D. 很脆,导电性不太好

4. 陶瓷材料的优点以下叙述正确的是(　　)。

A. 化学稳定性高

B. 导电性变化范围大,耐火性好,化学稳定性高,耐酸碱腐蚀

C. 耐酸碱腐蚀,热稳定性比金属差

D. 很脆,导电性不太好

二、简答题

1. 你认为21世纪新材料展望可以表现在哪些方面?
2. 请列出你所知道的典型的无机非金属材料的品种。(至少5种)
3. 请列出你所知道的无机非金属材料的特点。
4. 请列出你所知道的陶瓷的性能。
5. 你所知道的功能陶瓷有哪些种类?(列举不少于5个类别)
6. 阐述水泥熟料的煅烧过程及发生的主要物理化学变化。
7. 阐述硅酸三钙的水化及硬化过程。
8. 阐述硅酸二钙的水化及硬化过程。
9. 侵蚀硅酸盐水泥的环境介质有哪些? 有哪些侵蚀方式?

第七章　高分子材料

第一节　概　　述

高分子材料主要指以高分子化合物为基础制得的材料，它是由一种或几种分子或分子团(结构单元或单体)以共价键结合成具有多个重复单元的大分子材料。

高分子材料包括木材、棉花、皮革等天然高分子材料和塑料、合成纤维、合成橡胶等有机聚合物合成材料。它们质地轻、原料丰富、加工方便、性能良好、用途广泛，因而发展速度很快。塑料、橡胶、合成纤维是有机高分子材料的典型代表。此外，还有涂料和黏合剂等。随着合成、加工技术的发展，耐高温、高强度、高模量和具有特定性能和功能的高分子材料也应运而生，如图 7-1 所示。

(a) 普通塑料

(b) 工程塑料

图 7-1　生活中的高分子材料产品

(c) 橡胶

(d) 纤维

图 7-1 （续）

高分子材料在高科技领域的应用也很广泛，如图 7-2 所示。

一、高分子材料的发展历史

高分子材料的发展历史见表 7-1。

19 世纪前至 19 世纪末是天然高聚物的利用与改性阶段。20 世纪初至 40 年代末是合成高分子工业的发展与高分子化学的建立阶段。20 世纪 50 年代初至 20 世纪末是现代高分子科学阶段。21 世纪的高分子科学是以高分子设计为代表的。高分子的概念始于 20 世纪 20 年代。1920 年，德国人施陶丁格发表了《论聚合》一文，提出了高分子的概念。1932 年对高分子的定义在法拉第学会上得到公认，1953 年施陶丁格获得诺贝尔化学奖。

高分子科学既是一门应用学科，也是一门基础学科，它是建立在有机化学、物理化学、生物化学、物理学和力学等学科基础上逐渐发展而成的一门新兴学科，如图 7-3 所示。

二、高分子材料基本概念

1. 定义

高分子是指由结构单元通过共价键的形式经过聚合反应重复连接而成的链状化合物，因此高分子也称聚合物或是高聚物。

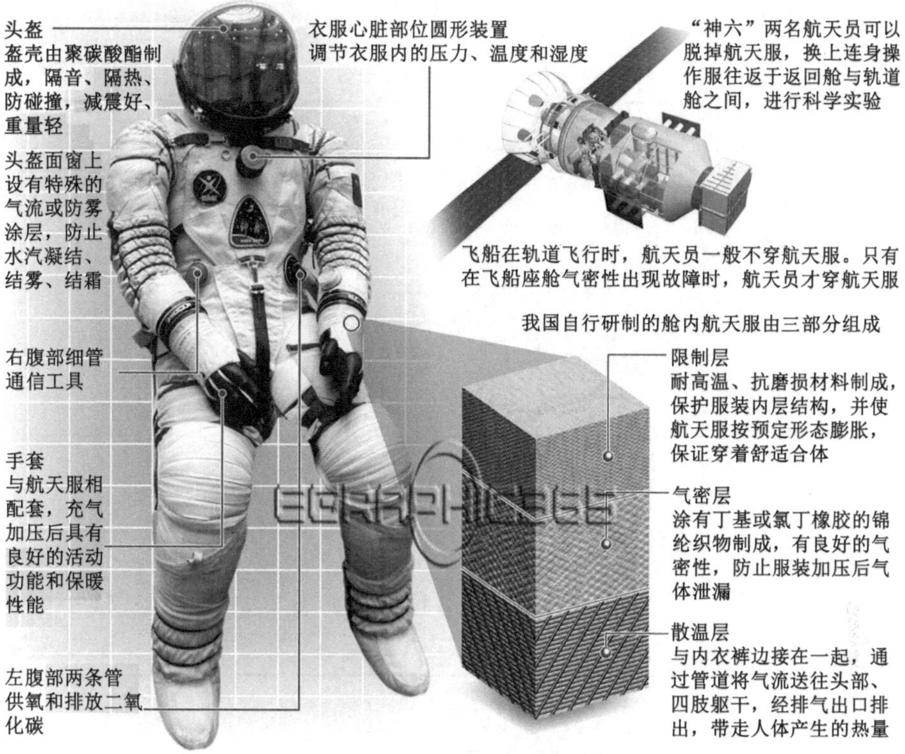

图 7-2　高分子材料在高科技领域的应用

表 7-1　高分子材料的发展历史

天然高分子的直接利用	皮毛、甲壳素、棉麻丝、竹、木等
天然高分子的化学改性	天然橡胶的硫化、硝化纤维的合成等
高分子合成	酚醛树脂、聚甲醛、聚氨酯、聚酰胺等
高分子时代	功能高分子、高分子复合材料、高分子设计

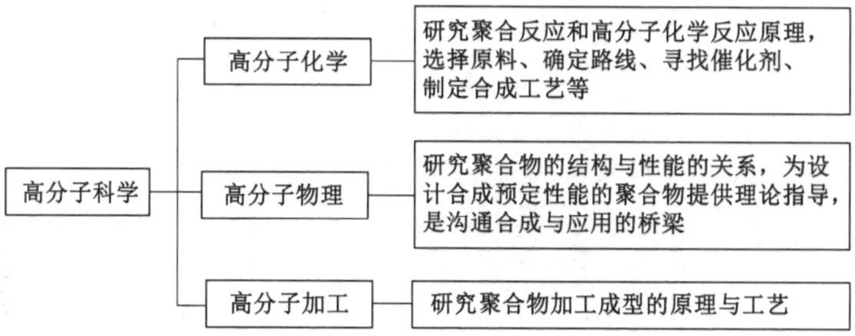

图 7-3　高分子学科发展历程

高聚物是高分子化合物的简称，是由成千上万个原子通过化学键连接而成的高分子所组成的化合物。高聚物的基本特点：相对分子质量大，分子链长，相对分子质量具有多分散性。低分子化合物和高分子化合物之间并无严格界限，化学结构相同的化合物，分子量小者称低分子化合物，分子量大者(10 000 以上)称高分子化合物，见表 7-2。

表 7-2　化合物分子量

化合物			分子量
低分子 (500 以下)	无机	铁	55.8
		水	18
		石英	60
	有机	甲烷	16
		苯	78
		三硬脂酸甘油酯	890
高分子 (5 000 以上)	天然	天然纤维素	>570 000
		天然橡胶	200 000～500 000
	合成	聚氯乙烯	12 000～160 000
		聚甲基丙烯酸甲酯尼龙	50 000～140 000
		尼龙 66	20 000～25 000

2. 常用的术语

单体：用来制备高分子的小分子物质称单体。高分子单体：通过聚合反应能制备高分子化合物的物质称为高分子单体。例如乙烯(C_2H_2)是单体，能聚合生成聚乙烯($\left[C_2H_2 \right]_n$)。

结构单元：构成大分子的最小重复结构单元，简称结构单元，或称链节。

聚合度：重复结构单元数目，即链节数。单独提出用 DP 或 X_n 表示，在结构式中用 n 表示。

链原子：构成高分子主链骨架的单个原子，如图 7-4 所示。

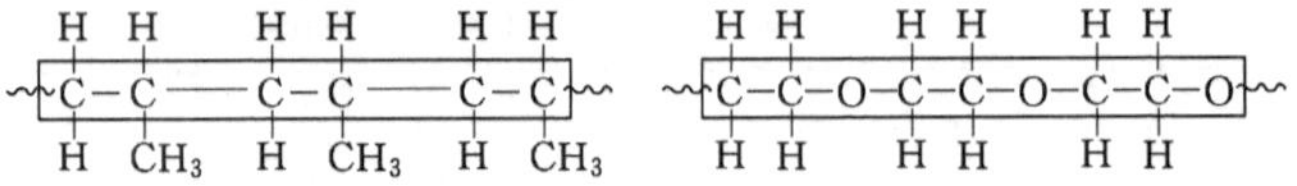

聚丙烯　　聚乙二醇

图 7-4　链原子

链单元：由链原子及其取代基组成的原子或原子团，如图 7-5 所示。

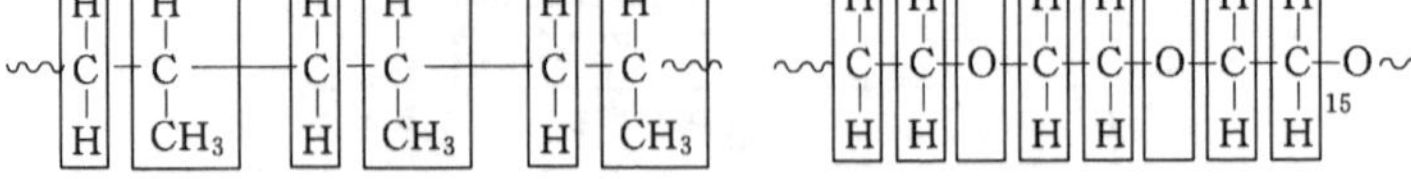

图 7-5　链单元

平均相对分子质量：是体系内所有个体相对分子质量的平均值，高聚物的相对分子质量具有多分散性。常见三大合成材料的相对分子质量范围见表 7-3。

表 7-3　常见三大合成材料的相对分子质量范围

塑料	相对分子质量/万	橡胶	相对分子质量/万	纤维	相对分子质量/万
高密度聚乙烯	6～30	天然橡胶	20～40	锦纶 66	1.2～1.8
聚氯乙烯	5～15	丁苯橡胶	16～20	涤纶	1.8～2.3
聚苯乙烯	10～30	顺丁橡胶	25～30	维尼纶	6～7.5
聚碳酸酯	2～6	氯丁橡胶	10～12	腈纶	5～8

3. 高聚物的命名

高聚物的命名有通俗命名法、习惯或商品命名法、系统命名法。

通俗命名法采用:"聚"＋单体名称、树脂命名法、橡胶命名法、结构特征命名法。

通俗命名法采用:"聚"＋单体名称,如聚氯乙烯、聚乙烯、聚丙烯、聚苯乙烯等;原料名称简字＋"树脂",如酚醛树脂、脲醛树脂、聚氯乙烯树脂、聚乙烯树脂等;单体简字＋"橡胶",如丁苯橡胶、丁腈橡胶、氯丁橡胶、顺丁橡胶。

结构特征命名法采用:具有"酯—COO—结构"的高聚物称为聚××酯,具有"酰胺—CONH—结构"的高聚物称为聚××酰胺,具有"醚—O—结构"的高聚物称为聚××醚,见表 7-4。

表 7-4　高聚物命名

高聚物的重复结构单元	通俗名称	系统名称	习惯或商品名称	英文缩写
$—CH_2—CH_2—$	聚乙烯	聚亚乙基	高密度聚乙烯	HDPE
			低密度聚乙烯	LDPE
$—CH_2—CH(CH_3)—$	聚丙烯	聚亚丙基	(丝用)丙纶	PP
$—CH_2—CH(Cl)—$	聚氯乙烯	聚(1-氯亚乙基)	(丝用)氯纶	PVC
$—CH_2—C(CH_3)—$	聚甲基丙烯酸甲酯	聚[(1-甲氧基酰基)-1-甲基亚乙基]	有机玻璃	PMMA
—CO—  $—OCO(CH_2)_2O—$	聚对苯二甲酸乙二酯	聚(氧亚乙基对苯二酰)	涤纶	PETP
$—NH—(CH_2)_5—CO—$	聚巳内酰胺		锦纶-6 或尼龙-6	PA-6

4. 高分子的特点

高分子主要由 C、H、O 组成,分子量多分散性,分子量很大(10^4～10^7,甚至更大),没有固定熔点,只有一段宽的温度范围,没有沸点和固定的熔点,分子间力很大,加热到 200～300 ℃以上材料破坏(降解或交联),链式结构,大部分高分子的主链具有一定的内旋转自由度。由于这些突出特点,聚合物显示出了特有的性能,表现为"三高一低一消失",即:高分子量、高弹性、高黏度、结晶度低、无气态。这些特点也赋予了高分子材料(如复合材料、橡胶等)高强度、高韧性、高弹性等特点。

5. 高分子材料分类

按材料来源分为天然高分子和合成高分子。

按化学组成分类为元素有机高分子、碳链高分子、杂链高分子、无机高分子。

按材料性能和用途分类为塑料、橡胶、纤维、涂料、黏合剂、功能高分子。而塑料、橡胶、纤维被称为三大合成材料。

塑料主要品种有聚乙烯、聚丙烯、聚氯乙烯、聚苯乙烯等，这四种塑料又被称为四大通用塑料。合成橡胶主要用途为制造轮胎，约占 60%。合成纤维主要品种有涤纶、尼龙、聚丙烯腈、聚丙烯等。

第二节　高分子材料分类

一、塑料

塑料是以树脂为主要成分，加入各种添加剂，在一定温度和压力下塑造成一定形状，并在玻璃态下使用的高分子材料。塑料的组成：塑料＝树脂＋添加剂。树脂是未经加工处理的、没有与各种添加剂混合的聚合物，是塑料的主要成分，对塑料性能起决定性作用。添加剂是为改善塑料某些性能而加入的物质。

1. 添加剂及其作用

① 填料：主要起增强作用。

② 增塑剂：用于提高树脂的可塑性和柔软性。

③ 固化剂：用于使热固性树脂由线形结构转变为体形结构。

④ 稳定剂：用于防止塑料老化，延长其使用寿命。

⑤ 润滑剂：用于防止塑料加工时粘在模具上，使制品光亮。

⑥ 着色剂：用于塑料制品着色。

⑦ 其他还有发泡剂、催化剂、阻燃剂、抗静电剂等。

2. 塑料的分类

(1) 按用途分

通用塑料：产量大、用途广、成型性好、价廉，但性能一般，主要用于非结构材料。

工程塑料：能承受一定的外力作用，并有良好的机械性能和尺寸稳定性，长期使用温度在 100 ℃以上，可以作为工程结构件。

特种塑料：具有特种功能(如耐热、自润滑等)，应用于特殊要求，如氟塑料、有机硅等。

(2) 按树脂受热性能分

热塑性塑料：指在特定温度范围内能反复加热软化和冷却硬化，具有多次重复加工性的塑料，如聚乙烯、聚丙烯、聚氯乙烯等。

热固性塑料：因受热发生固化反应，形成不溶性物料，不具有多次重复加工性的塑料，如酚醛塑料、环氧塑料等。

3. 塑料的特点

优点：塑料比较轻，这是相对于金属和有机玻璃而言的，轻的原因不是因为它是高分子化合物，而是因为是有机化合物，即由碳、氢、氧、氮等较轻的元素组成的；塑料易于加工；塑料具有可塑性，即在加热或加压后变形，在降温或压力消失后维持原形不变；可以通过挤出、注射等方式加工成各种形状的产品；塑料绝缘性好、耐腐蚀，可作为电器、电线的绝缘包覆物；塑料不易腐烂。

缺点：刚性差（为钢铁材料的1/100～1/10），强度低；耐热性差、热膨胀系数大（是钢铁的10倍），导热系数小（只有金属的1/600～1/200）；蠕变温度低，易老化。

二、橡胶

橡胶是一种在使用温度范围内处于高弹态的高分子化合物。其弹性变形量可达100%～1 000%，且回弹性好、回弹速度快。橡胶还有一定的耐磨性和很好的绝缘性，不透气、不透水性。

1. 橡胶的用途

橡胶可用作弹性材料、密封材料、传动材料、减震防震材料。

2. 橡胶的分类

橡胶一般分为天然橡胶和合成橡胶两种。天然橡胶是从自然界含胶植物中制取的一种高弹性物质，经采集、凝聚、洗涤、干燥等过程制得。合成橡胶是用人工合成方法制得的高分子弹性材料，其一般包括通用合成橡胶，如丁苯橡胶（SBR）、顺丁橡胶（BR）、异戊橡胶（IR）、氯丁橡胶（CR）、乙丙橡胶（EPDM）等；特种合成橡胶，如丁腈橡胶（NBR）、硅橡胶等。

3. 橡胶的组成

生胶或半成品在一定的温度下，经过一定时间的化学反应，叫橡胶的硫化。橡胶的硫化是指橡胶由线形结构转化为网状（体形）结构的过程，如图7-6所示。

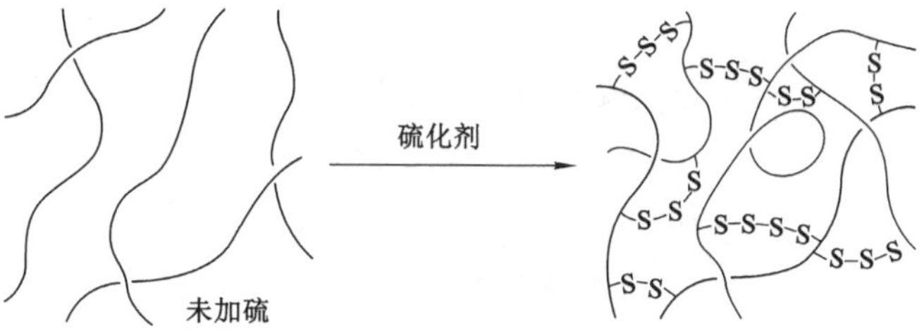

图7-6　橡胶的硫化

由此得到橡胶是由生胶和配合剂，辅助硫化剂、硫化促进剂、防老剂、软化剂、填充剂、发泡剂、着色剂等硫化而成。

生胶是人工合成用于制胶的高分子聚合物。生胶先进行塑炼，呈塑性状态，再加入各种配料，经过混炼成型、硫化处理才可制得橡胶。

4. 橡胶的特点

高弹性：橡胶的弹性模量小，一般在1～9.8 MPa，伸长变形大，伸长率可高达1 000%，仍表现有可恢复的特性，并能在很宽的温度范围（−50～150 ℃）内保持有弹性。

黏弹性：橡胶是黏弹性体，产生形变时受时间、温度等条件的影响，表现有明显的应力松弛和蠕变现象。

缓冲减震作用：橡胶对声音及振动和传播有缓和作用，可利用这一特点来消除噪声和振动。

电绝缘性：橡胶和塑料一样是电绝缘材料，天然橡胶和丁基橡胶的体积电阻率可达到10^{15} Ω·cm以上。

温度依赖性：橡胶在低温时处于玻璃态变硬变脆，在高温时则发生软化、熔融、热氧化、热分解甚至燃烧;具有老化现象,如同金属腐蚀、木材腐朽、岩石风化一样,橡胶也会因环境条件的变化而发生老化,使性能变坏,使寿命缩短。

密度低:橡胶属于轻质材料,硬度低,柔软性好,透气性较差,可做气密性材料,还是较好的防水性材料。

三、纤维

纤维是指长度比直径大很多倍,且有一定柔韧性的纤细物质。

纤维分为天然纤维和化学纤维,天然纤维包括棉花、羊毛、蚕丝、麻;化学纤维包括合成纤维、人造纤维。

合成纤维有六大纶:涤纶(的确良)、锦纶(尼龙)、腈纶(人造羊毛)、丙纶(轻、耐磨)、维纶(成本低)、氯纶(保暖、弹性好)。

四、胶黏剂

胶黏剂是靠界面间作用使各种材料牢固地粘接在一起的物质。

1. 胶黏剂的组成

除了基料(一种或几种高聚物)外,还有固化剂、填料、增塑剂、增韧剂、稀释剂、促进剂及着色剂等。

2. 胶黏剂的分类

胶黏剂分为天然胶黏剂和合成胶黏剂。天然胶黏剂分为淀粉系、蛋白质系、天然树脂系、天然橡胶系;合成胶黏剂分为树脂型、橡胶型。树脂型又分为热塑性、热固性。热塑性分为聚醋酸乙烯、聚乙烯醇、聚丙烯酸酯、饱和聚酯、聚氨酯;热固性分为脲醛树脂、酚醛树脂、环氧树脂、不饱和聚酯等。橡胶型分为氯丁橡胶、丁腈橡胶、丁苯橡胶、丁基橡胶、有机硅橡胶、热塑性橡胶。

五、涂料

涂料指涂布在物体表面而形成具有保护和装饰作用膜层的材料。

1. 涂料的组成

① 黏结剂:与物体表面和颜料具有良好的结合力,可分为转化型和非转化型两种类型。

② 颜料:起装饰作用,并对物体表面起抗腐蚀的保护作用。

③ 溶剂:溶解成膜物质的易挥发性液体。

④ 其他添加剂:增塑剂、催干剂、增稠剂、稀释剂、杀菌剂、颜料分散剂、阻聚剂、防结皮剂等。

2. 常用涂料

醇酸树脂涂料:具有附着力强、光泽好、硬度大、保光性和耐候性好等特点,可制成清漆、磁漆、底漆和腻子。

氨基树脂涂料:主要有三聚氰胺甲醛树脂、脲醛树脂等。

聚氨酯涂料:具有耐磨性优异、附着力强、耐化学腐蚀等特点,广泛用作地板漆、甲板漆、纱管漆。

六、功能高分子材料

功能高分子材料是具有特殊的功能如光敏性、导电性、磁性、化学活性、生物相容性等的一类高分子材料。它们除了具有一定的机械性能外，还具有其他的物理性能和化学性能，如图 7-7 所示。

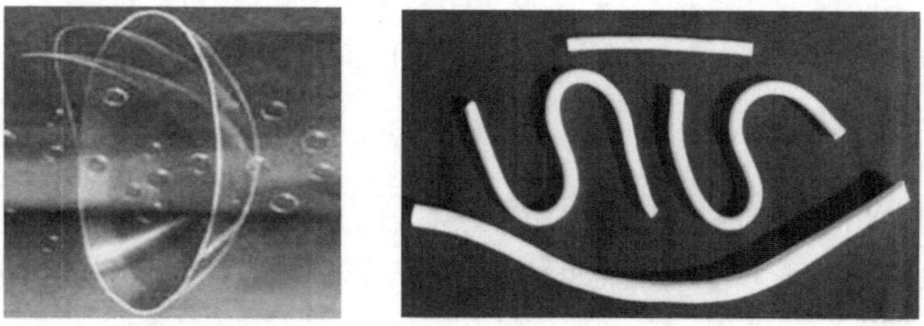

(a) 隐形眼镜　　(b) 高分子人造血管

图 7-7　生活中的生物高分子材料

1. 高分子材料的合成与成型

高分子材料合成：石油、天然气、煤炭等(裂解反应)→单体(聚合反应)→高分子聚合物(加工)→形成高分子材料。

高分子材料的成型：聚合反应、高分子反应、复合材料。聚合反应有缩聚反应和加聚反应。高分子反应一般有用天然高分子反应和合成高分子反应。复合材料成型方法很多。

2. 高分子材料的合成(制备)

高分子材料的合成都是由某种或几种单体通过高分子化学反应来制备的。

① 加聚反应：一种或多种单体相互加成而连接成聚合物的反应，其中加聚物具有同其单体相同的成分(无副产物)，如乙烯→聚乙烯。

② 缩聚反应：缩聚物是指由一种或几种单体相互混合而连接成聚合物，同时析出(缩去)某种低分子物质(如水、氨、醇、卤化氢等)的反应。缩聚物成分与单体不同。

3. 高分子材料的加工

高分子材料的加工方法包括：挤出、注射(注塑)、压延、二次成型(中空吹塑、拉伸薄膜、真空吸塑)等。

第三节　材料结构与性能

一、高分子材料的结构

1. 大分子链结构

(1) 化学组成

组成元素：C、H、O、N、Cl、F、B、Si、S 等。碳链大分子：主链全部由碳原子以共价键结合，如聚乙烯、聚丙烯、聚苯乙烯。杂链大分子：大分子链除碳原子外，还有 O、N、S、P，如聚甲醛、聚酰胺。元素链大分子：大分子链中不含碳原子，而是由 Si、O、B、S、P 等元素组成，如氟硅橡胶。

(2) 大分子链的形态

① 线型分子链:各链节以共价键连接成长链分子,直径小,长度很长,呈卷曲状或线团状。

② 支化型分子链:在主链的两侧以共价键连接相当数量的长短不一的支链,其形状有树枝形、梳形、线团形。

③ 体型分子链:在线型或支化型分子链之间,沿横向通过链节以共价键连接起来,形成三维网状大分子。

(3) 大分子链的空间构型

大分子链的空间构型即原子或原子团在空间的排列方式,即链结构。如分子链的侧基为氢原子时,则其排列顺序不影响空间构型。分子链的侧基中有其他原子或原子团时,则排列方式不止一种。

2. 大分子链构象及柔性

① 内旋转:由于原子热运动,两个原子做相对旋转,即保持键角、键长不变的情况下,单键做旋转。

② 大分子链构象:单链内旋转所产生的空间形象。

③ 分子链柔性:能拉伸、回缩的性能,弹性好。分子链旋转越容易,柔性越好

二、高分子材料的聚集态

高分子材料的聚集态是指高聚物材料整体的内部结构,即高分子链与链之间的排列和堆砌结构。高分子之间以次价键(范德瓦尔斯力)聚集。由于相对分子质量很大,总的次价键力超过共价键力,因此高分子只有固态和液态,没有气态。

固态高聚物通常表现为三种晶态:晶态结构、部分晶态结构和非晶态结构,如图 7-8 所示。液态高聚物又称黏流态。

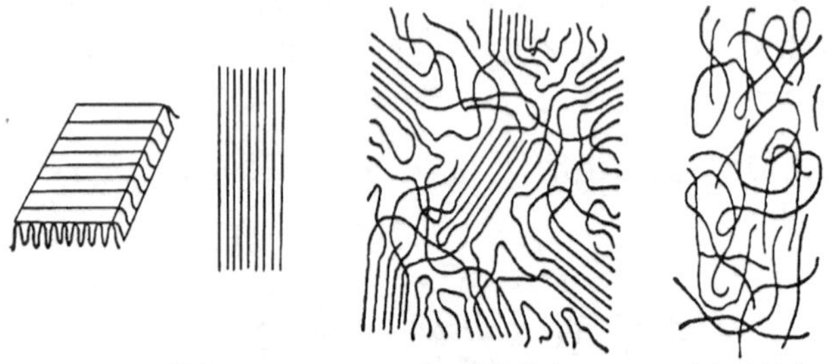

(a) 晶态　(b) 部分晶态　(c) 非晶态

图 7-8　高聚物三种聚集态

大多数聚合物都是部分晶态或完全非晶态,结晶度为 30%～90%。

三、高分子材料的性能

1. 力学性能

线型非晶态高聚物的变形-温度曲线如图 7-9 所示。

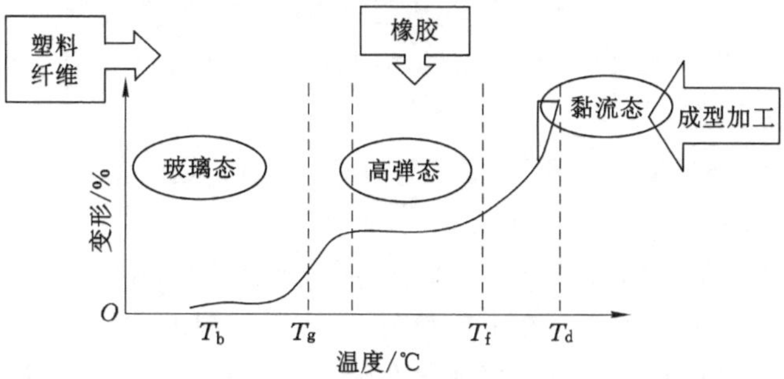

T_b—脆化温度；T_g—玻璃化温度；T_f—黏流温度；T_d—化学分解温度。

图 7-9　线型非晶态高聚物的变形-温度曲线

在 T_g 以下，聚合物处于玻璃态，其质硬、性脆、无弹性，类似玻璃，体积黏度大，链段运动受限。温度升高到 T_g 以上，聚合物转变为橡胶态(高弹态)，质软而有弹性，链段能较自由地转动。玻璃态和高弹态均为固体。当升温到 T_f(黏流温度)时，链段运动强烈，有明显的分子间位移，物料熔融达到像液体一样的流动状态，即黏流态。

我们通常把玻璃态与高弹态之间的转变称为玻璃化转变。它所对应的转变温度即是玻璃化转变温度，或是玻璃化温度，用 T_g 表示。线型无定形聚合物在力学三态中的分子运动特点见表 7-5。

表 7-5　线型无定形聚合物在力学三态中的分子运动特点

	玻璃态	高弹态	黏流态
温度区间	$T<T_g$	$T_g<T<T_f$	$T_f<T<T_d$，T_d 分解温度
分子热运动	低	较高	高
键长、键角变化	√	√	√
链段运动	×	√	√
主链运动	×	×	×
典型用途	塑料	橡胶	加工成型区

2. 其他类型高聚物的力学状态

(1) 线型晶态高聚物的力学状态

对于一般分子量的完全晶态线型高聚物来说，因有固定的熔点 T_m，所示没有高弹态。对于部分晶态线型高聚物，在 T_g～T_m 之间出现一种既韧又硬的皮革态。

(2) 体型非晶态高聚物的力学状态

若交联点密度小，链段可运动，则具有高弹态，如轻度硫化的橡胶。若交联点密度大，链段不能运动，则其性能硬而脆，如酚醛塑料。高分子材料的力学状态受化学成分、分子链结构、相对分子质量、结晶度等内因影响，对应力、温度、环境介质等外界条件也很敏感。

四、高分子材料的性能特点

1. 力学性能特点

① 低强度和较高的比强度：抗拉强度平均为 100 MPa，比金属材料低得多，但是高分子

材料的密度小，只有钢的1/8～1/4，所以其比强度并不比某些金属低。

② 高弹性和低弹性模量：橡胶是典型的高弹性材料，其弹性变形率为100%～1 000%，弹性模量仅为2～20 MPa。

③ 塑性好和受迫弹性高：屈服应变达20%以上，在玻璃化温度以下链节运动由卷曲变为伸直，变形不能恢复。

④ 黏弹性(应变不随作用力及时建立平衡，而有所滞后)：高聚物的黏弹性表现为蠕变、应力松弛和内耗三种现象。蠕变是在恒定载荷下，应变随时间而增加的现象，它反映材料在一定外力作用下的形状稳定性。应力松弛是在应变恒定的条件下，应力随时间延长而逐渐衰减的现象。内耗是在交变应力作用下，处于高弹态的高分子，当其形变速度跟不上应力变化速度时，就会出应变滞后应力的现象。

⑤ 韧性：仅为金属的百分之一数量级，不宜作为工程结构材料。

⑥ 高减摩、耐磨性：部分塑料的摩擦系数小，具有自润滑性能。

2. 物化性能特点

① 高绝缘性及隔热、隔音性。

② 低耐热性，易燃烧。

③ 耐蚀性。

④ 易老化。

3. 老化及防止

高分子材料在长期储存和使用过程中，由于受氧、光、热、机械力、水蒸气及微生物等外因的作用使性能逐渐退化，直至丧失使用价值的现象称为老化。

老化原因：① 由于降解导致断链或裂解，强度、熔点、黏度变低；② 由于交联导致分子链间生成化学键，网状结构，变硬、变脆。

改进措施：① 改变高聚物的结构，如可将聚乙烯氯化，以改变其热稳定性；② 添加防老化剂，在高聚物中加入水杨酸脂、二甲苯酮类有机物和炭黑等可防止光氧化；③ 表面处理，在高分子材料表面镀金属(如银、铜/镍)和喷涂耐老化涂料(如漆、石蜡)作为保护层。

思　考　题

一、写出高分子材料的简称

1. 聚乙烯简称：
2. 聚氯乙烯简称：
3. 丁苯橡胶简称：
4. 氯丁橡胶简称：
5. 聚丙烯简称：
6. 聚甲基丙烯酸甲酯(有机玻璃)简称：
7. 酚醛树脂简称：
8. 聚氨酯简称：
9. 环氧树脂简称：

二、简答题

1. 聚合物“三高一低一消失”的具体含义是什么？
2. 简述高分子材料的性能特点。
3. 简述高分子材料的老化原因及防止措施。
4. 简述你所知道的功能高分子材料的种类及性能特点。

第八章　复合材料

第一节　概　　述

六千年前人类就已经会用稻草加黏土作为建筑复合材料。水泥复合材料已广泛地应用于高楼大厦和河堤大坝等建(构)筑物,发挥着极为重要的作用。现代功能复合材料如图 8-1 所示。

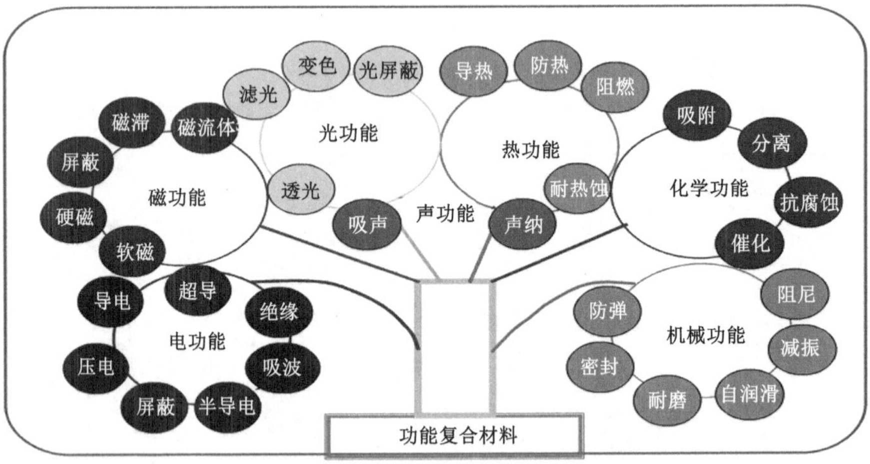

图 8-1　现代功能复合材料

一、复合材料的发展历史和意义

人类进步的历史与人类应用材料的历史密切相关。在迈向现代文明的进程中,人类经历了石器时代、青铜器时代、铁器时代、合成材料时代,现已迈入应用复合材料的新时代。

长期以来,人们不断改进原有材料、开发新的材料品种,在实践中积累了丰富的应用材料的经验。但是,任何一种单一的材料(金属、陶瓷、聚合物)虽有许多优点,但都存在着一些明显的不足,改性也往往是有限的。

随着现代科学技术的迅猛发展,对材料提出了越来越高、越来越严、越来越多的要求,既要求材料具有良好的综合性能,如高强度、高刚度、高韧性、低密度等性能,又希望其能够在高温、高压、强腐蚀等恶劣的环境下服役。这些是传统的单一材料所不能满足的。于是人们想到将一些不同性能的材料复合起来,相互取长补短,这样就出现了复合材料。

早期的复合材料:复合材料并不是人类发明的新材料,在自然界存在许多天然的复合材料，人类使用复合材料有着悠久的历史。

天然复合材料：竹子、木材、骨骼、皮肤、贝壳等。自然界的经典组合：竹子是由许多直径不同的管状纤维素分散在木质素基体中形成的复合材料，表皮纤维细而密，可增强抗弯强度；内层纤维粗而疏，可改善韧性。

最原始的人工复合材料：六千年前，我国古代劳动人民使用的土坯砖是由黏土和稻草组成的。

古代金属基复合材料：越王剑即是由金属包层复合材料制造，在潮湿的环境中埋藏了几千年，出土时仍光亮夺目、锋利无比。

近代复合材料：主要指人工特意复合而成的一种新型材料体系，成功制造要从1942年开始算起。第二次世界大战期间，玻璃纤维增强聚酯树脂复合材料被美国空军用于制造飞机构件。

第一代复合材料：1942—1960年，玻璃纤维增强塑料时代。

第二代复合材料：1960—1980年，先进复合材料发展时代，主要研究增强材料，英国研制碳纤维，美国研制了Kevlar纤维。

第三代复合材料：1980—1990年，纤维增强金属基复合材料时代，其中铝基复合材料应用最为广泛，同时陶瓷基复合材料也得到研究和发展。

第四代复合材料：1990年至今，主要发展多功能复合材料，如梯度功能材料、纳米复合材料、仿生复合材料。

复合材料的研究深度和应用广度及生产发展的速度和规模是衡量一个国家科学技术水平的重要标志之一。复合材料是现代科学技术不断进步的结果，是材料设计的一个突破。复合材料的发展进一步推动了现代科学技术的不断进步。

二、复合材料的定义、命名和分类

1. 复合材料的定义

复合材料是由两种或两种以上物理、化学、力学性能不同的物质，经人工组合而成的多相固体材料。

2. 复合材料的特征

① 多相材料：通常包括基体相和增强相。基体相可以是一个或几个，把改善性能的增强相材料固结成一体，起着黏结和传递应力的作用，又称为连续相。增强相也可以是一个或几个，起着承受应力和显示功能的作用，又称为分散相。

② 固体材料：若复合产物为液体或气体混合物，就不是复合材料。

③ 人工合成：自然界天然的复合材料不在材料科学研究之列。

Matthews（马修斯）和Rawlings（罗林斯）认为，复合材料是由两个或两个以上组元或相组成的混合物，并应满足三个条件：① 组元含量大于5%；② 复合材料的性能显著不同于各组元的性能；③ 通过各种方法混合而成。

钢铁及其合金不应属于复合材料，如Co-Cr-Mo-Si合金就不属于复合材料，因为这种合金经过熔化和凝固过程。在现代材料学界中，复合材料专指由两种或两种以上不同相态的组分所组成的材料。

3. 复合材料的组成

复合材料主要包括基体和增强体。

① 基体(连续相):有聚合物、金属、陶瓷、碳,其作用是将增强体结合成一个整体,起到均衡应力和传递载荷的作用。

② 增强体,又称增强材料、增强剂(分散相):有颗粒、纤维、晶须,其是复合材料的主要承载部分,会使基体材料的性能显著改善和增强。

复合材料的性能取决于基体和增强体的性能,也取决于增强体与基体之间的界面状况。

复合材料性能的优越性:改善或克服组成材料的弱点,充分发挥其优点;具有各向异性,性能具有可设计性,使构件中纤维与受力方向一致;可创造出单一材料不具备的性能,或同一时间里发挥不同的功能。

4. 复合材料的命名

① 增强体名称+基体名称+“复合材料”,如玻璃纤维聚酯树脂复合材料。

② 增强体名称+“/”+基体名称+“复合材料”,如碳纤维/环氧树脂复合材料,强调增强体时,如碳纤维复合材料;强调基体时,如环氧树脂复合材料。

③ 硼纤维和铝合金构成的复合材料,简写为铝基复合材料。

④ 碳纤维和碳构成的复合材料,简写为碳/碳复合材料。

5. 复合材料的分类

复合材料可以由金属、高聚物和陶瓷中任意两者人工合成,也可以由两种或更多种金属、高聚物和陶瓷来制备,因此复合材料范围很广、种类多,目前分类也不统一。

按基体材料的不同可分为:① 聚合物基复合材料(Polymer Matrix Composites,PMC);② 金属基复合材料(Metal Matrix Composites,MMC);③ 陶瓷基复合材料(Ceramic Matrix Composites,CMC);④ 碳碳基复合材料(Carbon-Carbon Composites,C/C)。

按基体相的不同可分为:金属基(界面结合存在问题)、陶瓷基(对增强体有特殊要求,如耐高温等)、聚合物基(热塑性、热固性聚合物,可成型性能好)、水泥基(界面结合好,成型时基体有化学反应)。

按增强相形态的不同可分为:颗粒增强、纤维增强(碳纤维、玻璃纤维、有机纤维、复合纤维)、晶须增强、编织物增强。

按用途的不同可分为:结构复合材料(承受载荷,作为承力结构使用)和功能复合材料(电、磁、光、热、声、摩擦、阻尼、化学分离性能)。

三、复合材料的界面

1. 复合材料的界面定义

复合材料的界面是指基体与增强体之间化学成分有显著变化的,构成彼此结合的、能起载荷传递作用的微小区域,如图 8-2 所示。

① 复合材料的界面实质:多层结构的过渡区域(称界面层),约几个纳米到几个微米。

② 复合材料的界面产生原因:由于增强体和基体接触时在一定条件下可能发生化学反应或两相元素扩散、溶解而产生新相,即使不发生上述相互作用,也可能由于基体固化而产生内应力,或两相结构间发生诱导效应使接近增强体的基体部分结构发生不同于基体本体结构而形成的界面相。

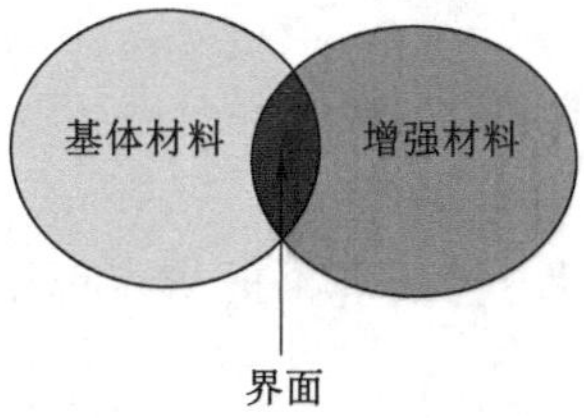

图 8-2　复合材料的界面示意图

2. 复合材料的界面机能

① 传递效应：界面传递应力，是基体与增强体之间的桥梁。

② 阻断效应：界面阻止裂纹扩展、中断材料破坏、减缓应力集中。

③ 诱导效应：一种物质（增强体）的表面结构使与之接触的另一种物质（基体）结构由于诱导作用而发生变化，由此产生一个作用类似过渡层的界面层。

④ 不连续效应：界面处化学成分和物理性能的不连续性。

⑤ 散射和吸收效应：光波、声波、冲击波等在界面处产生散射和吸收。

3. 界面结合的类型

① 机械结合：借助增强体表面凹凸不平的形态而产生的机械铰合和基体与增强体之间的摩擦阻力形成。

② 溶解与浸润结合：液态或是黏流态基体对增强体浸润而产生作用力，作用范围只有若干原子间距大小。

③ 反应结合：基体与增强体之间形成界面反应层。

④ 混合结合：上述三种形式的混合结合方式。

4. 复合材料界面的类型

① 增强体与基体互不反应、互不溶解的界面。

② 增强体与基体不反应但相互溶解的界面。

③ 增强体与基体反应形成界面反应层。

需要说明的是，界面区域的结构与性质都不同于两相中的任一相。复合材料的界面虽然很小，但它是有尺寸的，约几个纳米到几个微米，是一个区域或一个带、层，它的厚度呈不均匀分布状态。

四、复合材料的特性

1. 复合材料的特点

① 复合材料不仅保持原组分部分的优点，而且具有原组分不具备的特性。

② 复合材料区别于单一材料，具有可设计性，包括基体、增强体的选择以及增强体在基体中的分散状态。

③ 复合材料界面具有特殊作用，基体和增强体的界面黏结状态影响复合材料性能。

④ 材料与结构的一致性，即复合材料既是材料又可看成结构。

2. 复合材料的性能

① 复合材料的比强度和比模量普遍高于常用的金属材料。

② 复合材料具有抗疲劳与断裂的安全性能，大量的增强纤维对裂纹的扩展起到阻碍

作用。

③ 复合材料减振能力强：纤维增强复合材料具有较高的自振频率，不易产生共振现象，具有一定的减振作用。

④ 复合材料具有良好的高温性：增强纤维的熔点都很高，并且在高温下仍具有较高的强度。

⑤ 其他性能：尺寸稳定性好，热膨胀系数都比较小；化学稳定性好，抗腐蚀性好；导电和导热性好；优良的减摩性、耐磨性、自润滑性等；良好的工艺性能，适合整体成型。

3. 复合材料性能的主要影响因素

① 基体和增强体或功能体的性能。

② 复合材料的结构和成型技术。

③ 复合材料中增强体或功能体与基体的结合状态（物理的和化学的）及由此产生的复合效应。

这三个方面都可以成为复合材料的薄弱环节，也即是复合材料的性能应是以上三个因素综合作用的结果。

4. 复合材料存在的不足

① 横向拉伸强度和层间剪切强度低。

② 断裂伸长率低，冲击韧性有时不好。

③ 制造时产品性能不稳定，分散性大，质检困难。

④ 老化性能不好。

⑤ 机械连接困难。

⑥ 成本太高。

第二节　复合材料的增强与增韧机理

一、复合材料的增强机理

1. 纤维增强

(1) 纤维增强复合材料的目标

纤维增强复合材料的目标是提高基体在室温和高温下的强度及弹性模量。

(2) 纤维增强机理

① 降低纤维产生裂纹的概率；② 纤维的表面受到基体的保护，不易在承载中产生裂纹，增大承载力；③ 基体能阻止纤维的裂纹扩展；④ 基体对纤维的黏结作用、基体与纤维之间的摩擦力，使得材料的强度大大提高。陶瓷基复合材料增强相具有增强结合键纤维、阻止裂纹产生的作用，使脆性降低；高分子基复合材料中纤维增强相可以有效阻止基体分子链的运动；金属基复合材料中纤维增强相可以有效阻止位错运动而强化基体。

(3) 增强纤维起到强化基体作用的必要条件

① 增强纤维的强度和弹性模量高；② 纤维与基体之间有良好的相容性；③ 纤维应有一定的含量、尺寸和分布；④ 纤维与基体之间的线膨胀系数相匹配。

2. 颗粒增强

颗粒增强复合材料的机理：弥散分布在基体中的硬颗粒可以有效地阻止位错运动，产生显著的强化作用。

二、复合材料的增韧机理

1. 纤维增韧

复合材料由于定向、取向或无序排布的纤维加入，使得复合材料的韧性得到显著提高。纤维吸收裂纹尖端能量是靠纤维断裂及纤维从机体中拔出实现的。纤维增韧类型有以下几种：

（1）单向排布长纤维增韧

单向排布长纤维增韧陶瓷基复合材料具有各向异性，沿纤维长度方向的纵向性能大大高于横向。若材料中产生的裂纹平面垂直于纤维，当裂纹扩展遇到纤维时，裂纹运动受阻，欲使裂纹继续运动，必须提高外加应力。应力继续增大，纤维与基体解离，纤维从基体中拔出、断裂或转向，从而使复合材料的韧性得到提高。

（2）多维多向排布长纤维增韧

多维多向排布克服了单向长纤维只在一个方向上性能得到提高的弱点。多向长纤维可实现陶瓷等脆性材料在二维、三维方向上的性能提高。多维长纤维增韧的机理与单向一样，主要是通过纤维的断裂、拔出或转向提高韧性。

（3）短纤维增韧机理

短纤维增韧复合材料的制备工艺比长纤维的简便。通常是将长纤维剪断（<3 mm），再与基体粉体材料混合、热压制得。在热压时，短纤维沿压力方向择优取向，产生性能上的各向异性。当短纤维的质量分数适当时，复合材料的断裂功显著提高，从而使断裂韧性得到提高。

2. 晶须增韧

晶须的增韧机理与纤维增韧机理基本相同，即主要靠晶须拔出桥连与裂纹转向机制对韧性提高产生贡献。研究结果表明，晶须与界面的强度直接影响复合材料的韧性。界面强度过高，晶须与基体同时断裂，限制了晶须的拔出，而结合强度过低，晶须拔出功减小，这两种情况都对韧性的提高不利。

晶须桥连增韧是指在基体出现裂纹后，晶须承受外界载荷并在基体裂纹相对的两边之间架桥，桥连晶须对基体产生一个使基体闭合的力，消耗外加载荷做功而使材料韧性增加。

3. 颗粒增韧

颗粒增韧的机理主要包括相变增韧、裂纹转向增韧和分叉增韧。

（1）相变增韧

通过相变体积膨胀产生压缩应力，从而抵消外加应力，阻止裂纹的扩展，达到增韧的目的。相变前后没有成分变化，具有无热、无扩散、相变激活能小、相变速度快的特点；相变伴随有体积变化；相变具有可逆性，因此相变发生在一个温度区间内而非一个特定的温度点上。

（2）裂纹转向与分叉增韧

裂纹在陶瓷材料中不断扩展，裂纹前沿遇到高强度颗粒的阻碍，使扩展方向发生偏转和分叉，从而减小了裂纹尖端的应力强度因子，增加了材料的断裂韧度，达到了增韧的目的。由于裂纹转向和分叉不受温度的限制，这种增韧机理适用于高温结构陶瓷。

第三节　常用复合材料

一、金属基复合材料

金属基复合材料是以金属及其合金为基体，用一种或几种金属或非金属增强的复合材料，如图 8-3 所示。

Al_2O_3短纤维/汽车活塞
（丰田汽车公司）

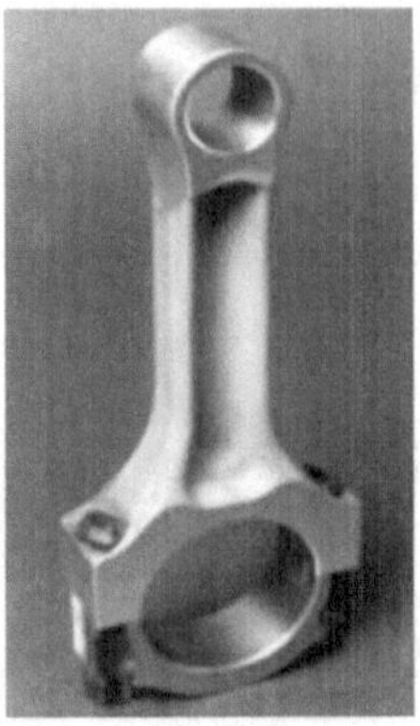

SiCp/Al连杆，锻件替代钢连杆，
减重6 kg
（福特、通用汽车）

SiCp/Al、Al_2O_3/Al汽车刹车盘，
减重60%
(丰田、福特和通用汽车公司)

图 8-3　金属基复合材料

金属基复合材料具有与树脂基复合材料相同的高强度、高弹性模量和低线膨胀系数。金属基复合材料增强一般有长纤维增强、短纤维或晶须增强、颗粒增强、原位复合增强等途径。常见的金属基体有铝合金、镁合金、钛合金、铜及铜合金、金属键间化合物等。但其密度高、制作成本高、工艺复杂、增强材与基体间易发生化学反应。

1. 长纤维增强金属基复合材料

长纤维增强金属基复合材料具有各向异性特征，其程度取决于纤维在基体中的数量、分布和排列情况。

(1) 硼/铝复合材料

硼/铝复合材料中，硼纤维高温强度高，1 500 ℃时蠕变速率低。但高温氧化后强度降低，所以一般在硼纤维表面涂覆一层 SiC 或 B_4C，防止纤维表面氧化，硼纤维增强铝基复合材料常用于航天飞机主舱体龙骨桁架和支柱。

(2) 石墨/铝复合材料

石墨/铝复合材料具有导电性高、摩擦系数小和耐腐蚀等特点。利用石墨纤维表面沉积 Ti/Bi 涂层技术，可改善石墨纤维与液态铝的湿润性，可有效控制铝与纤维的表面反应，提高复合材料的性能。

(3) 石墨/镁复合材料

石墨/镁复合材料密度低、线膨胀系数为零、尺寸的稳定性好，是金属基复合材料中具有最高比强度和比弹性模量的复合材料。可在石墨纤维表面沉积 TiB_2，提高石墨纤维的润湿性。

(4) 碳化硅/钛复合材料

碳化硅/钛复合材料中，碳化硅纤维比强度高、比模量高，高温强度高，耐热、耐氧化，与金属的反应小，润湿性好。主要应用于飞机发动机部件和涡轮叶片以及火箭发动机箱体材料。

(5) 氧化铝/铝复合材料

氧化铝/铝复合材料中，氧化铝纤维在氧化气氛中稳定，能在高温下保持其强度、刚度，且硬度高，耐磨性好。这种复合材料具有高强度和高刚度，可用于汽车发动机活塞和其他发动机零件。

2. 短纤维/晶须增强金属基复合材料

短纤维/晶须增强金属基复合材料具有比强度、比模量高，耐高温，耐磨，线膨胀系数小等特点，且可用常规设备进行制备和二次加工。

(1) 氧化铝/铝复合材料

氧化铝/铝复合材料在高温强度、弹性模量方面明显优于基体的高温强度和弹性模量，且膨胀系数较低、耐磨性较高，常用于汽车发动机零件等。

(2) 碳化硅/铝复合材料

碳化硅/铝复合材料具有良好的综合性能，比强度、比模量高，线膨胀系数低，主要应用于航空航天领域。

(3) 氧化铝/镍复合材料

氧化铝/镍复合材料中，晶须与基体的线膨胀系数相差较大，复合时常遇到困难，又因晶须价格昂贵，发展缓慢，所以应用有限。

3. 颗粒增强金属基复合材料

颗粒增强金属基复合材料是由一种或多种陶瓷或金属颗粒作为增强材料与金属基体组成的先进复合材料。

(1) 碳化硅/铝复合材料

碳化硅/铝复合材料的强度与钛合金相近，弹性模量高于钛合金，耐磨性比铝合金的高1倍，使用最高温度可达 300～350 ℃。已批量用于汽车工业和机械工业。

(2) 碳化钛/钛复合材料

碳化钛/钛复合材料与基体合金相比，强度、弹性模量及耐蠕变性能均明显提高，使用温度可达 500 ℃，可用于制造导弹壳体、导弹尾翼等。

(3) 颗粒增强金属间化合物基复合材料

颗粒增强金属间化合物基复合材料主要有 TiB_2-NiAl、TiB_2-TiAl 等，使用温度高达 800 ℃，目前尚处于试验研究阶段。

(4) 金属陶瓷

金属陶瓷是金属基体(通常为钛、镍、钴、铬及其合金)和陶瓷(通常为氧化物、碳化物、硼化物和氮化物等)组成的颗粒增强复合材料。碳化物金属陶瓷作为工具材料已被广泛应用，又称作硬质合金。硬质合金通常以 Co、Ni 作为黏结剂，以 WC、TiC 等作为强化相。硬质合金主要有钨钴(YG)和钨钴钛(YT)两类。牌号中,YG后的数字为含Co量,YT后的数字为碳化钛含量。硬质合金硬度极高,且热硬性、耐磨性好,一般做成刀片镶在刀体上使用。

二、陶瓷基复合材料

在陶瓷基体中添加碳纤维、氧化铝纤维、碳化硅纤维、碳化硅晶须、氧化铝晶须、碳化硅颗粒和碳化钛颗粒所形成的复合材料称为陶瓷基复合材料,如图8-4所示。

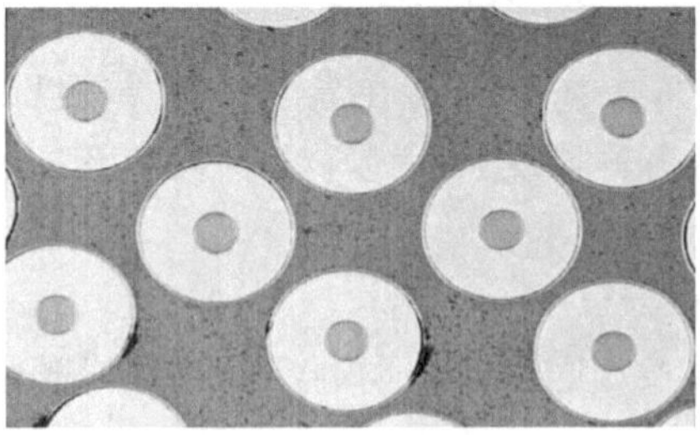

SiC(纤维)Si_3N_4

$SiCp/ZrB_2$

图8-4 陶瓷基复合材料

陶瓷材料具有很高的抗氧化性、耐热性、耐磨性和耐蚀性,但脆性大、韧性差,使它的应用受到了极大的限制。直到近代,碳纤维、氧化铝纤维、碳化硅纤维、碳化硅晶须、碳化硅颗粒的加入,使得陶瓷的强度和韧性得到很大的改善,应用领域也取得突破性进展。

目前用这些纤维、晶须、颗粒增强的陶瓷基复合材料主要用来制造人造卫星、航天飞机、星际探测器、大型运载火箭和飞机上要求耐高温、耐冲刷、密度低和强度高的构件。

1. 长纤维增强陶瓷基复合材料

(1) 碳/陶瓷基复合材料

碳/陶瓷基复合材料具有很高的高温强度、弹性模量和较高的韧性。碳纤维增强的氮化硅陶瓷可在1 400 ℃以上的高温下长期工作;碳纤维增强的石英陶瓷复合材料,冲击韧性比烧结石英陶瓷高40倍、抗弯强度大5~12倍,可承受1 200~1 500 ℃高温气流的冲击。这类材料主要用来制造喷气式飞机的涡轮叶片。

(2) 碳化硅/陶瓷基复合材料

碳化硅纤维可与多种陶瓷,如碳化硅陶瓷、氧化铝陶瓷、氧化锆陶瓷等复合。利用碳化硅纤维强化的碳化硅陶瓷,其断裂韧性可提高5~6倍,抗弯强度可提高50%以上,且基体与纤维之间的结合性能良好。已用于制造喷气式发动机的喷嘴。

(3) 碳/碳复合材料

碳/碳复合材料是由碳纤维及其制品增强的碳基复合材料。由碳纤维及其制品作为预制体,通过化学气相沉积法(CVD)或液态树脂、沥青浸渍碳化法获得碳/碳的基体来制备。例如,耐高温和低密度材料、航空发动机理想轻质材料等。

2. 短纤维及晶须增强陶瓷基复合材料

(1) 碳/玻璃陶瓷基复合材料

短纤维增强玻璃陶瓷可使这一复合材料的韧度大大提高,当短纤维定向有序分布时可获得更高的断裂韧度。碳纤维增强的硼硅酸盐玻璃陶瓷的强度已达到铸铁的水平。

（2）晶须/陶瓷基复合材料

晶须/陶瓷基复合材料中，增强晶须是陶瓷晶须，这种晶须是位错很少的陶瓷小单晶，具有很高的强度，是一种非常理想的陶瓷基复合材料中的增强增韧材料。近年来，晶须增强陶瓷基复合材料发展很快并取得了很好的韧化效果。

3．颗粒增强陶瓷基复合材料

（1）氧化锆/陶瓷基复合材料

氧化锆/陶瓷基复合材料利用 ZrO_2 相变增韧原理提高陶瓷的断裂韧性。利用 ZrO_2 增韧的 Al_2O_3 陶瓷，其断裂韧性可提高 1～1.4 倍。

（2）氧化钇/陶瓷基复合材料

氧化钇/陶瓷基复合材料是在 ZrO_2 陶瓷中加入 Y_2O_3 微粒，可获得晶粒组织非常细小的高强度、高韧性复合陶瓷。

三、聚合物基复合材料

聚合物基复合材料又称树脂基复合材料，是目前应用最广、消耗量最大的一类复合材料。聚合物基复合材料按增强体的类型分为玻璃纤维、碳纤维、硼纤维、碳化硅纤维、芳纶纤维、晶须、颗粒；按树脂的性质分为热固性树脂基复合材料和热塑性树脂基复合材料。

纤维增强复合材料的强度和刚性与纤维方向密切相关。纤维无规排列时，能获得基本各向同性的复合材料。均一方向的纤维使材料具有明显的各向异性。纤维采用正交编织，相互垂直的方向均具有良好的性能。纤维采用三维编织，可获得各方向力学性能均优的材料。

1．玻璃纤维及其增强的树脂基复合材料

① 玻璃纤维：玻璃脆性很大，但是将熔融态玻璃以极快的速度拉制成纤维，就具有一定的柔韧性，可纺织成纱或各种形式的玻璃布。

② 玻璃纤维的性能特点：抗拉强度很高；纤维越细，强度越高；耐热性低；化学稳定性高；脆性较大。

③ 玻璃纤维增强树脂基复合材料：热塑性玻璃钢，常见的有聚酰胺、聚丙烯、ABS、尼龙等热塑性树脂基体；热固性玻璃钢，常见的有酚醛树脂、环氧树脂、聚酯树脂等热固性树脂基体。

④ 突出特点：密度低，为 1.6～2.0 g/cm^3；比强度高，较最高强度的合金钢还高 3 倍；耐烧蚀、耐腐蚀。

2．碳纤维及其增强的树脂基复合材料

① 碳纤维：碳纤维由有机纤维经高温碳化而成，工业广泛应用聚烯腈纤维、黏胶纤维和沥青纤维制造的碳纤维。

② 碳纤维的性能特点：密度低，弹性模量高，强度高，高温、低温力学性能好，具有高的耐蚀性、导电性以及低的摩擦系数。但是它脆性大，表面光滑，与树脂结合力比玻璃纤维的还差，常需要表面处理来改善与基体的结合力。

③ 突出特点：密度低，比强度和比模量高，化学稳定性高，比玻璃钢的性能普遍优越。

3．晶须及其增强的树脂基复合材料

① 晶须：晶须有金属晶须、陶瓷晶须和高分子晶须之分。铁晶须已投入生产，陶瓷晶须

强度极高。

② 晶须增强的树脂基复合材料：晶须价格昂贵，主要用于金属基复合材料，在树脂基复合材料中应用不多。

4. 颗粒增强树脂基复合材料

树脂中加入非纤维状增强颗粒的复合材料，强度、弹性模量等力学性能比用纤维增强稍差，但仍然可使增强的树脂具有各种独特性能，这些颗粒还具有改性作用。

四、原位复合材料

原位复合材料是采用定向凝固方法，使液态金属和合金在有规则的温度梯度场中进行冷却凝固，金属基体自身析出晶须或颗粒而得到的复合材料。

原位复合材料的特点：增强相在结晶凝固过程中析出，故界面结合牢固、强度高，同时避免了人工复合时润湿、化学反应、相容性等问题。由于两相是在高温接近热平衡条件下缓慢生成的，因而具有良好的热稳定性，材料易加工，能直接铸成所需结构。

五、功能复合材料

功能复合材料基体主要起黏结作用，某些情况下也起功能作用。按功能特性分为磁功能、电功能、光功能、热功能、摩擦功能、阻尼功能、防弹功能、辐射功能等。

六、层状复合材料

层状复合材料是指在基体中含有多重层片状高强高模量增强物的复合材料。这种材料是各向异性的(层内两维同性)，如碳化硼片增强钛、胶合板等。双金属、表面涂层等也是层状复合材料，根据材质不同，分别用于飞机制造、运输及包装等场合。

第四节　复合材料的制备

复合材料的制备工艺就是将两种或两种以上不同性质的材料组合在一起而采用的“适当方法”。复合材料的制备工艺特点：① 材料的形成与制品的成型同时完成，复合材料的生产过程也就是复合材料制品的生产过程，复合材料的工艺水平直接影响材料或制品的性能。② 复合材料的成型比较方便，一种复合材料制品可以用多种方法成型，有选择余地。

一、聚合物基复合材料的制备工艺

聚合物基复合材料的原材料有纤维等增强体和聚合物基体材料。聚合物基复合材料的性能在纤维与树脂体系确定后，主要取决于成型工艺。

1. 成型工艺

① 成型：将预浸料按产品的要求，铺置成一定的形状，一般就是产品的形状。

② 固化：把已铺置成一定形状的叠层预浸料，在温度、时间和压力等因素影响下使形状固定下来，并能达到预期的性能要求。

2. 聚合物基复合材料的成型工艺

① 手糊成型工艺：用手工工具将纤维布或纤维毡浸上树脂胶液，铺糊在敞开模具上，经室温固化和脱模获得制品的工艺方法。

② 喷射成型工艺：利用高压空气将树脂系统（固化剂、引发剂、促进剂等）和短纤维从喷枪上不同喷嘴同时喷出并均匀沉积到模具上。待沉积到一定厚度，用手辊滚压，使纤维浸透树脂，压实并除去气泡，室温固化成型得到产品。

③ 铺层工艺：用手工铺叠方式，将预浸材料按预定方向和顺序在模具内逐层铺贴直至所需的厚度，经加温加压固化、脱模、修整而获得制品的过程。

④ 模压成型工艺：将一定量的模压料放入金属对模中，在一定的温度和压力作用下，使模塑料在模腔内受热塑化、受压流动并充满模腔成型固化而获得制品的一种方法。

⑤ 缠绕成型工艺：将浸过树脂胶液的连续玻璃纤维或布带，按照一定规律缠绕到芯模上，然后固化脱模成为增强材料制品的工艺过程。

⑥ 注射成型工艺：将粒状或粉状的纤维-树脂混合料从注射机的料斗送入机筒内，加热熔化后，由柱塞或螺杆加压，通过喷嘴注入闭合模内，经冷却定型后，脱模得到制品。

⑦ 挤拉成型工艺：借助旋转螺杆的推挤，使处在一定温度和压力下呈熔融流动状态的热塑性物料连续地通过一个口模，然后降低温度，硬化定型，得到口模所限定形状（杆、管、角材等）的复合材料。一般情况下，只将预制品在成型模中加热到预固化的程度，最后固化是在加热箱中完成的。

⑧ 连续成型工艺：指从添加原材料到制成玻璃钢制品的整个过程都是在连续不断中进行的。

二、金属基复合材料的制备工艺

根据各种方法的基本特点，把金属基复合材料的制备工艺分为固态法、液态法、其他方法。

1. 固态制造技术

固态法是指在金属基复合材料中基体处于固态下制造金属基复合材料的方法。工艺过程：金属粉末＋增强体→加热、加压→复合黏结在一起。在整个过程中金属基体和增强体均处于固体状态。固态法包括粉末冶金法、固态扩散结合法、热等静压法、轧制法和挤压法等。

(1) 粉末冶金法

粉末冶金成型主要包括混合、压制和固化三个过程。基体合金粉末和颗粒的混合均匀程度以及如何防止基体粉末的氧化问题是整个工艺过程的关键。

(2) 固态扩散结合法

固态扩散结合法是将固态的纤维与金属适当地组合，在加压、加热条件下，使它们相互扩散结合成为复合材料的方法。固态扩散结合法包括扩散黏结法、热压扩散法。

① 扩散黏结法：在较长时间高温及其塑性变形不大的作用下，利用金属粉末之间和基体粉末与增强体之间接触部位的原子在高温下相互扩散，进而使纤维与基体金属结合到一起的复合方法。

② 热压扩散法：利用静压力使金属基体产生塑性变形，通过扩散而焊合，并将增强纤维

固结在其中而成为一体。

2. 液态制造技术

液态制造技术是在金属基复合材料制造过程中，金属基体处于熔融状态下与固体增强物复合的方法，包括铸造法、熔铸复合法、熔融金属浸渍法、真空压力浸渍法等。

3. 其他制造方法

其他制造方法有原位自生成法、等离子喷涂法、电镀法等。

(1) 原位自生成法

在金属基复合材料制备过程中，往往会遇到两个问题：一是增强体与金属基体之间的相容性(即润湿性)问题；二是无论固态法还是液态法，增强材料与金属基体之间的界面都存在界面反应。其中，增强材料与金属基体之间的相容性往往影响金属基复合材料在高温制备和高温应用中的性能和性能稳定性。如果增强材料(纤维、颗粒或晶须)能从金属基体中直接(即原位)生成，则上述两个问题就可以得到较好的解决。

原位自生成法基本原理：在一定的条件下，通过元素与化合物之间的化学反应，在金属基体内原位生成一种或几种高硬度、高弹性模量的陶瓷增强相，从而达到强化金属基体的目的。

(2) 等离子喷涂法

等离子喷涂法是利用等离子弧向增强材料喷射金属微粒子，从而制成金属基纤维复合材料的方法。

(3) 电镀法

电镀法是利用电解沉积的原理在纤维表面附着一层金属而制成金属基复合材料的方法。电镀法的原理：以金属为阳极，以位于电解液中的卷轴为阴极，在金属不断电解的同时，卷轴以不同的速度或通以不同的电流，可以改变纤维表面金属层的附着厚度，将电镀后的纤维按不同方式层叠、热压，可以制成多种制品。

三、陶瓷基复合材料的制备工艺

陶瓷基复合材料制备工艺有粉末冶金法、溶胶-凝胶法等。纤维增强陶瓷基复合材料的制造通常包括将纤维加入基体复合及基体的固结两个过程。普遍使用热压法。

① 纤维的加入和定向：必须控制纤维的体积含量、方向和分布。

② 粉末的粒度分布、温度和压力等工艺参数对性能影响至关重要，因为它们决定着纤维的损伤、基体的孔隙率以及纤维-基体的结合强度。

四、复合材料的发展趋势

玻璃钢和树脂基复合材料非常成熟，应用广泛。金属基复合材料处于开发阶段，应用于某些结构件的关键部位。陶瓷基复合材料及功能复合材料等尚处于研究阶段，有不少科学技术问题有待解决。例如：宏观复合→微观复合，采取微纤维增强复合材料、纳米复合材料、分子复合材料；简单复合→多元混杂复合、超混杂复合，采取两种纤维的复合应用、两种基体的复合应用。

思考题

一、填空题

1. 复合材料可分为________和________两大类。

2. 功能复合材料是指除________性能以外,具有良好的其他物理性能并包括部分化学和生物性能的复合材料。

3. 新材料发展的重点已经从________结构材料转向________。

二、简答题

1. 简述复合材料的发展趋势。

2. 功能复合材料中的隐身材料按照电磁波吸收剂的使用,可分为涂料型和结构型两类,它们都是以树脂为基体的复合材料。请简述隐身材料的基本原理。

第九章 高性能结构材料

第一节 概 述

一、结构材料

结构材料是以力学性能(如受力形变、脆性断裂等)作为应用性能的材料,具有抵抗外力作用而保持自己的形状、结构不变的优良性能,如制造工具、机器、车辆用的钢铁材料,建筑房屋和铁路用的混凝土材料等对应的功能材料。结构材料是社会生活和国民经济建设的重要的物质基础。金属、陶瓷和高分子材料长期以来是三大传统的工程结构材料。随着工业化的迅速推进,对工程结构材料的性能提出了越来越高的要求,也推动了新一代高性能结构材料的发展。

二、高性能结构材料

高性能结构材料是一类具有高比强度、高比刚度、耐高温、耐腐蚀、耐磨损的材料。高性能结构材料是在高新技术推动下发展起来的一类新材料,是国民经济现代化的物质基础之一。对于动力机械而言,工作温度越高、比强度和比刚度越高,效率亦越高,先进军用发动机的发展趋势要求涡轮进口温度和推重比不断提高,其中高温结构材料技术是关键。有资料指出,飞机及发动机性能的改进分别有 2/3 和 1/2 靠材料性能的提高;对卫星和飞船,减重 1 kg 能带来极高的效益;汽车节油有 37%靠材料轻量化,40%靠发动机技术的改进;如果没有优质的单晶合金,涡轮进口温度无法提高,高推重比航空发动机就难以实现。因此,世界各先进国家在制订国家关键技术发展计划时,高温结构材料与技术被列为高性能结构材料领域的重点发展项目之一。

发展新型高性能结构材料将支撑交通运输、能源动力、资源环境、电子信息、农业和建筑、航天航空、国防军工以及国家重大工程等领域可持续发展,对国家支柱产业的发展和国家安全的保障起着关键性的作用,同时还将促进包括新材料产业在内的我国高新技术产业的形成与发展,带动传统产业与支柱产业的改造和产品的升级换代,提高国际竞争力,形成新的产业和新的经济增长点。

第二节 新型金属结构材料

金属材料具有韧性高、延展性好、强度高、导电性好等优点。金属材料发展初期以铁和钢(铁的合金)为主。到 20 世纪初期,以硬铝为首的铝合金得到广泛应用。20 世纪 50 年代，又出现了只有钢一半重、耐热性比钢好而强度不低于钢的钛合金。当今，主要仍是以钢铁、铝合金、钛合金、铜合金、镁合金等应用为主，但性能得到了大幅提高。其中，不断涌现的超高纯度铁、超高强度钢、超高速钢（用作刀具）、超硬合金、超塑性合金、超耐热合金、超低温材料等高性能新型材料的发展引起了各国的广泛关注。

一、高温合金

高温合金是指以铁、镍、钴为基，能在 600 ℃以上的高温及一定应力作用下长期工作的一类金属材料。高温合金具有较高的高温强度、良好的抗氧化和抗热腐蚀性能以及良好的疲劳性能、断裂韧性、塑性。高温合金为单一（奥氏体）基体组织，在各种温度下具有良好的组织稳定性和使用的可靠性。

1．高温合金的分类

按基体分类：① 铁基，含 25％～60％Ni，又称铁镍基，最高使用温度 800 ℃；② 镍基，最高使用温度 1 150 ℃；③ 钴基，最高使用温度 1 100 ℃；④ IMC 基合金、铬基合金（特殊情况下使用），因合金化程度很高，在英美称为超合金。

按强化机制分类：① 固溶强化型；② 时效沉淀强化型；③ 弥散强化型；④ 复合强化型。

按成型方式分类：① 变形合金，铸锭→热变形（锻、轧）→热处理（固溶时效）；② 铸造合金，铸锭→重熔成零件→热处理（固溶时效）。

2．高温合金的牌号

我国高温合金牌号的组成：汉语拼音字母＋成型方式＋强化类型与基体组元。变形高温合金："GH＋4 位阿拉伯数字"。G、H 分别为高、合汉语拼音的第一个字母。GH 后的第一位数字为分类号，1 和 2 代表铁基或铁镍基高温合金，3 和 4 代表镍基合金，5 和 6 代表钴基合金，其中 1、3 和 5 代表固溶强化型，2、4 和 6 代表时效沉淀强化型。GH 后的第二、三、四位数字则表示合金的编号。例如 GH4169：时效沉淀强化型镍基高温合金，编号 169。

铸造高温合金："K＋3 位阿拉伯数字"。K 后第一位数字表示分类号，其含义与变形合金相同。第二、三位数字代表合金编号。例如 K418：时效沉淀强化型镍基铸造高温合金，编号 18。

粉末高温合金："FGH"后跟阿拉伯数字表示焊接用的高温合金丝。

20 世纪 70 年代以前，我国高温合金牌号简单，变形高温合金只有 3 位数字编号，铸造高温合金只有 2 位数字编号，即省略了前缀后的表示基体类别和强化型类别的第一位数字，如"K17"，即为现在的"K417"，"GH39"即为现在的"GH3039"

3．高温合金的强化

镍基高温合金应用广泛，铁基高温合金和钴基高温合金也有一定的应用。所有高温合金都含有多种合金元素，有时多达几十种。这些合金元素将产生合金强化。

合金强化：加入的多种合金元素与基体元素（镍、铁或钴）产生作用，从而产生强化效应。有固溶强化、第二相强化（沉淀析出强化和弥散相强化）、晶界强化。

工艺强化：采用新工艺或者改善冶炼、凝固结晶、热加工、热处理及表面处理等环节，从而改善合金组织结构而强化。

高温合金强化＝合金强化＋工艺强化。

4．高温合金的用途

高温合金主要应用于航空、航天、核工业、能源动力、交通运输、石油化工、冶金等领域。

高温合金中一部分主要仍然利用高温合金的高温高强度特性，而另有一大部分则主要是开发和应用高温合金的高温耐磨和耐腐蚀性能。

二、镁合金

轻质高性能镁合金因具有一系列优良性能和资源优势而被称为“21 世纪新兴绿色工程材料”，也是工业发达国家大力发展的轻质结构材料。

1. 高强度镁合金

镁铝锌(AZ)：330 MPa，强度较高，能够热处理强化且具有良好的铸造性能。合金系的耐蚀性较差，屈服强度和耐热性较低。添加微量稀土元素可以改善铸造、加工性能。

镁锌锆(ZK)：420 MPa，镁合金中强度最高的合金系，最有代表性的为 ZK60。但铸造性能没有镁铝锌系合金好，偏析严重。

2. 耐热镁合金

有些镁合金零件要求在较高的温度下工作而不发生时效。

Mg-Al 系耐热镁合金：主要包括 AZ(Mg_2Al_2Zn)系和 AM(Mg_2Al_2Mn)系，为铸造耐热镁合金。

Mg-RE 系耐热镁合金：有 Mg-Mn-Ce 系、Mg-Mn-Nd 系、Mg-Y-Zn-Zr 和 Mg-Zn-Nd 系。

镁钍系合金：以钍作主要元素的镁合金，生产在 300～400 ℃的高温中工作的结构材料。但钍是放射性元素，在我国是禁止使用的。

3. 典型镁合金

典型的镁合金有 AZ91D(Mg-Al-Zn 系合金)、AE42(Mg-Al-RE 系合金)、AM60B(Mg-Al-Mn 系合金)、AZ31B(Mg-Al-Zn 系合金)、ZK60(Mg-Zn-Zr 系合金)。

4. 镁合金材料的发展方向

镁合金材料的发展方向主要有以下几个：① 超塑性镁合金，超塑状态下镁合金具有非常低的流变应力，可实现复杂形状构件在固态下的近净成型；② 镁基储氢材料，镁储氢能力非常大，Mg 与 Ni 的化合物 Mg_2Ni 是最有前途的蓄电池阳极材料；③ 镁基复合材料，镁合金的基体组织具有优越的与颗粒物质以及陶瓷粒子相结合的能力；④ 镁基大块非晶材料，与晶态合金相比力学性能与抗腐蚀性能提高。

三、其他新型金属结构材料

1. 软钢

低屈强比钢和极低强度钢也称为软钢。软钢的应用如图 9-1 所示。

2. 耐火结构钢

耐火钢的概念是日本于 20 世纪 80 年代率先提出的。耐火钢是指通过在钢材中添加耐高温的合金元素 Mo、Cr、Nb 等，使得钢材在 600 ℃时的屈服强度不小于常温屈服强度的 2/3，且其他性能(如可焊性等)与相应规格的普通结构钢基本一致。

钢材虽为非燃烧材料，但钢不耐火，温度为 400 ℃时钢材的屈服强度将降至室温下强度的一半，温度达到 600 ℃时钢材基本丧失全部强度和刚度。因此，当建筑采用无防火保护措施的钢结构时，一旦发生火灾，结构很容易遭到破坏，如图 9-2 所示。

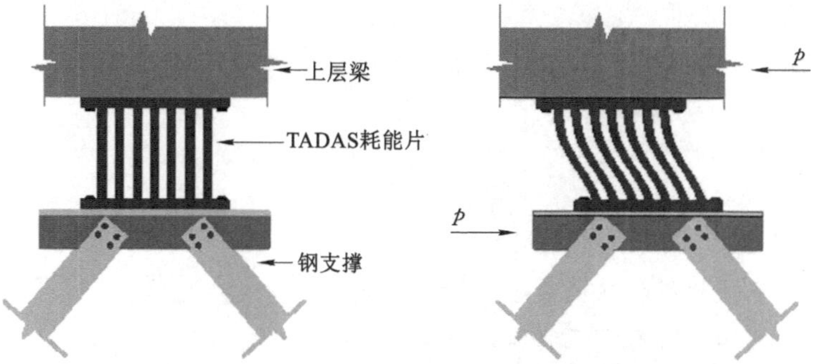

(a) 正常使用时　　(b) 地震时

图 9-1　软钢的应用

图 9-2　耐火结构钢

3. 耐候钢

钢中加入磷、铜、铬、镍等微量元素后，使钢材表面形成致密和附着性很强的保护膜，阻碍锈蚀往里扩散和发展，保护锈层下面的基体，以减缓其腐蚀速度。耐候钢是可减薄使用、裸露使用或简化涂装而使制品抗蚀延寿、省工降耗、升级换代的钢系，也是一个可融入现代冶金新机制、新技术、新工艺而使其持续发展和创新的钢系。

4. 高效焊接钢

焊接用钢是指专门供电弧焊、气焊、埋弧自动焊、电渣焊和气体保护焊等用的焊丝和盘条以及钢带。焊接用钢按化学成分可分为非合金钢、低合金钢、合金钢三类；按所焊材质的不同特性可分为结构钢和不锈钢等。非合金钢、低合金钢按其硫、磷含量不同，可分为优质钢、特殊质量钢两类。

5. 超塑性合金

超塑性合金平均延伸率300%以上，主要有高变形能力、固相结合能力和减振能力方面的利用。

思 考 题

1. 调研高性能结构材料在国民生产中的应用。
2. 新重金属结构材料有哪几种?

第十章　智能材料

第一节　概　　述

一、智能材料的概念

智能材料的概念是由日本高木俊宜教授于 1989 年 11 月在日本科学技术厅航空、电子等技术评审会上提出的，是指对环境具有感知、可响应，并具有功能发现能力的新材料。

智能材料还没有统一的定义。不过，现有的智能材料的多种定义仍然是大同小异的。大体来说，智能材料目前就是指具有感知环境（包括内环境和外环境）刺激，对之进行分析、处理、判断，并采取一定的措施进行适度响应的智能特征的材料。具体来说，智能材料需具备以下内涵：

① 具有感知功能，能够检测且可以识别外界（或者内部）的刺激强度，如电、光、热、应力、应变、化学、核辐射等。

② 具有驱动功能，能够响应外界变化。

③ 能够按照设定的方式选择和控制响应。

④ 反应比较灵敏、及时和恰当。

⑤ 当外部刺激消除后，能够迅速恢复到原始状态。

智能材料的构想来源于仿生（就是模仿大自然中生物的一些独特功能制造人类使用的工具，如模仿蜻蜓制造飞机等）。它的目标是想研制出一种材料，使之成为具有类似于生物的各种功能的"活"的材料，因此智能材料必须具备感知、驱动和控制这三个基本要素。但是现有的材料大都比较单一，难以满足智能材料的要求，所以一般由两种或两种以上的材料复合构成一个智能材料系统。这就使得智能材料的设计、制造、加工和性能结构特征均涉及材料学的最前沿领域，使智能材料代表了材料科学最活跃和最先进的发展方向。

在现实生活中，有很多应用智能材料的例子。例如，某些太阳镜的镜片当中就含有"智能材料"，这种智能材料能感知周围的光，并能够对光的强弱进行判断，当光强时，它就变颜色；当光弱时，它就会变透明。

二、智能材料的特征

因为设计智能材料的两个指导思想是材料的多功能复合和材料的仿生设计，所以智能材料系统具有或部分具有如下的智能功能和生命特征：

1. 传感功能

能够感知外界或自身所处的环境条件，如负载、应力、应变、振动、热、光、电、磁、化学、核辐射等的强度及其变化。例如，机敏陶瓷能够感知环境的变化，并通过反馈系统做出相应的反应。利用机敏陶瓷制成的飞行器和潜水器的智能蒙皮，可以降低飞行器和潜水器高速运动时的噪声，防止发生紊流，提高运行速度，减少红外辐射，达到隐身的目的。

2. 反馈功能

可通过传感网络，对系统输入与输出信息进行对比，并将其结果提供给控制系统。

3. 信息识别与积累功能

能够识别传感网络得到的各类信息并将其积累起来；能够根据外界环境和内部条件变化，适时动态地做出相应的反应，并采取必要的行动。

4. 自诊断能力

能通过分析比较系统目前的状况与过去的情况，对诸如系统故障与判断失误等问题进行自诊断并予以校正。例如，将智能材料融合到混凝土中，可使混凝土构件具有自诊断、自增强、自调节和自愈合功能。

5. 自修复能力

能通过自繁殖、自生长、原位复合等再生机制，修补某些局部损伤或破坏。

6. 自调节能力

对不断变化的外部环境和条件，能及时地自动调整自身结构和功能，并相应地改变自己的状态和行为，从而使材料系统始终以一种优化方式对外界变化做出恰如其分的响应。例如，当飞机在飞行中遇到涡流或猛烈的逆风时，机翼中的智能材料能迅速变形，带动机翼改变形状，从而消除涡流或逆风的影响，使飞机仍能平稳地飞行。

三、智能材料的构成

一般来说，智能材料由基体材料、敏感材料、驱动材料和信息处理器四部分构成。

1. 基体材料

基体材料担负着承载的作用，一般宜选用轻质材料。一般基体材料首选高分子材料，因为其重量轻、耐腐蚀，尤其具有黏弹性的非线性特征。其次也可选用金属材料，以强度较高的轻质有色合金为主。

2. 敏感材料

敏感材料担负着传感的任务，其主要作用是感知环境变化（包括压力、应力、温度、电磁场、pH 值等）。常用敏感材料有形状记忆材料、压电材料、光纤材料、磁致伸缩材料、电致变色材料、电流变体、磁流变体和液晶材料等。

3. 驱动材料

因为在一定条件下驱动材料可产生较大的应变和应力，所以它担负着响应和控制的任务。常用有效驱动材料有形状记忆材料、压电材料、电流变体和磁致伸缩材料等。

可以看出，这些材料既是驱动材料又是敏感材料，显然起到了身兼二职的作用，这也是智能材料设计时可采用的一种思路。

4. 信息处理器

信息处理器的主要作用是处理传感器输出的信号，是智能材料的核心部分。

四、智能材料的分类

因为现在可用于智能材料的材料种类不断扩大，所以智能材料的分类也只能是粗浅的，分类方法也有多种。若按功能来分，可以分为光导纤维、形状记忆合金、压电材料、电流变体和电(磁)致伸缩材料等。若按来源来分，可以分为金属系智能材料、无机非金属系智能材料和高分子系智能材料。目前研究开发的金属系智能材料主要有形状记忆合金和形状记忆复合材料两大类；无机非金属系智能材料在电流变体、压电陶瓷、光致变色材料和电致变色材料等方面发展较快。高分子系智能材料是人工合成的，品种多、范围广，所形成的智能材料也极其广泛，特别是具有刺激响应性的高分子凝胶研究和开发非常活跃。

第二节 形状记忆材料

记忆材料是 20 世纪 70 年代开发的功能材料，目前已成为一种重要的智能材料，主要作为执行器件使用。其中，形状记忆合金已广泛地应用在建筑、航空航天、军事和医学领域，形状记忆陶瓷应用在自适应结构和装置，形状记忆高分子在医学领域日益得到广泛应用。近年来，形状记忆材料的研究和应用受到研究人员的重视。

一、形状记忆效应

1. 形状记忆效应的概念

形状记忆效应(Shape Memory Effect，SME)是指把具有某种形状的材料从高于某个临界温度高温快冷，使之形成低温相，在此状态下变形，产生一定的残留应变后重新加热，超过某临界温度时发生逆相变并恢复到原来形状的现象。具有形状记忆效应的材料称为形状记忆材料。例如，在高温时将处理成一定形状的金属并急冷下来，在低温相状态下经塑性变形成另一种形状，然后加热到高温相成为稳定状态的温度时通过马氏体逆相变会恢复到低温塑性变形前的形状。

2. 形状记忆效应的分类

形状记忆效应可分为三种类型：单程记忆效应、双程记忆效应和全程记忆效应。

(1) 单程记忆效应(One Way Shape Memory，OWSM)

材料在高温下制成某种形状，在低温时将其任意变形，再加热时恢复为高温相形状，而重新冷却时却不能恢复低温相时的形状，如图 10-1 所示。

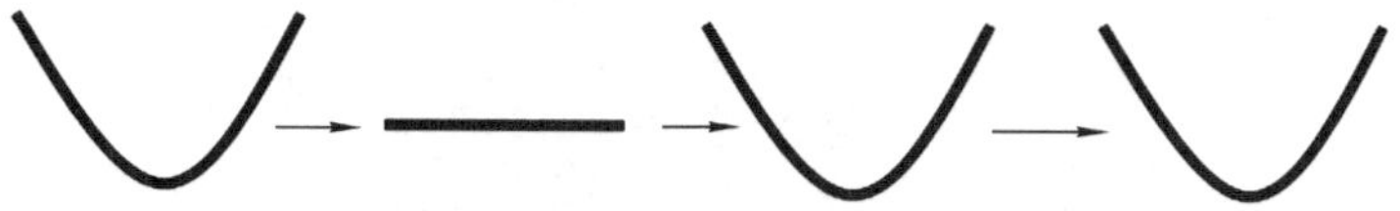

图 10-1 单程记忆效应

(2) 双程记忆效应(Two Way Shape Memory，TWSM)

若加热时恢复高温相的形状，冷却时恢复低温相的形状，即通过温度升降自发可逆地反复恢复高、低温相形状的现象称为双程记忆效应，如图 10-2 所示。

(3) 全程记忆效应(All-round Shape Memory，ARSM)

加热时恢复高温相形状，冷却时变为形状相同而取向相反的低温相形状，称为全程记忆效应，如图 10-3 所示。

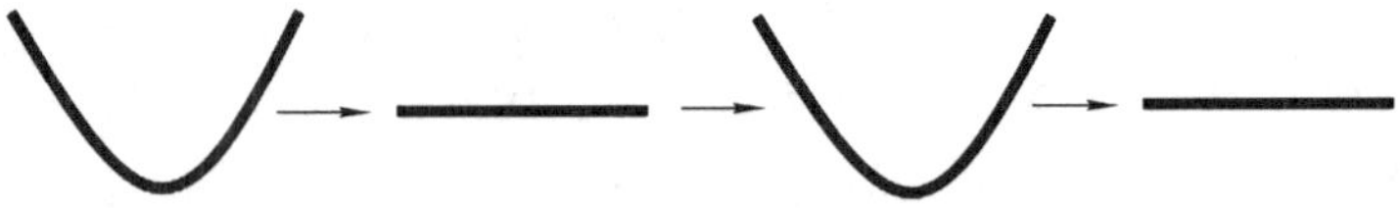

图 10-2　双程记忆效应

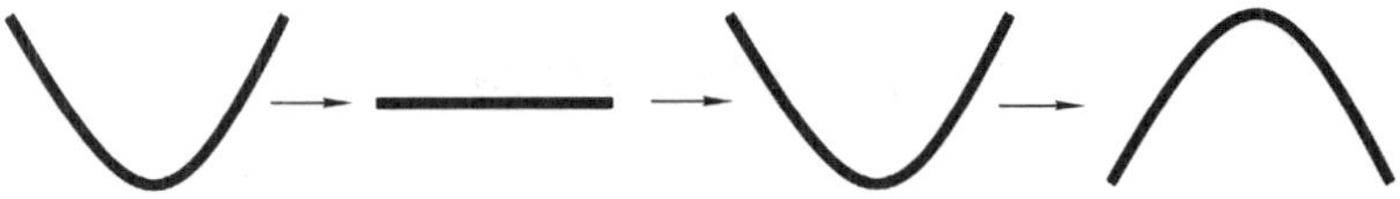

图 10-3　全程记忆效应

二、形状记忆材料分类及应用

常见的形状记忆材料有形状记忆合金(Shape Memory Alloys，SMAs)、形状记忆陶瓷(Shape Memory Ceramics，SMCs)以及形状记忆高分子(Shape Memory Polymers，SMPs)。

(一) 形状记忆合金

1. 形状记忆合金的分类

具有形状记忆效应的合金叫形状记忆合金。它是通过热弹性马氏体相变而呈现形状记忆效应的。马氏体相变具有可逆性，将马氏体向高温相(奥氏体)的转变称为逆转变。形状记忆效应是热弹性马氏体相变产生的低温相在加热时向高温相进行可逆转变的结果，如图 10-4 所示。

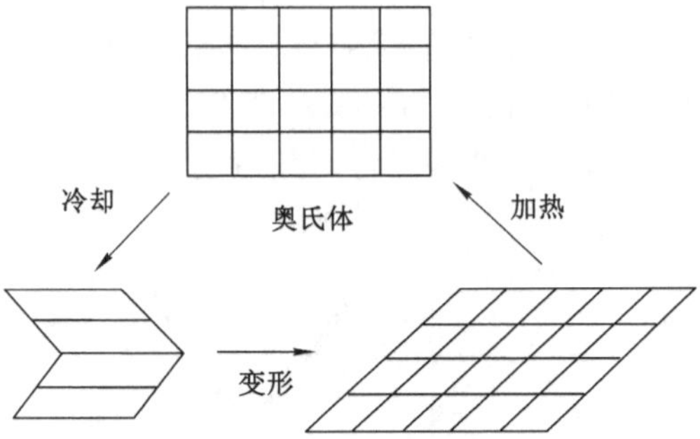

图 10-4　形状记忆效应原理图

一般来说，给金属施加外力使它变形，之后取消外力或改变温度，金属通常不会恢复原形；而这种合金在外力作用下虽会产生变形，但当把外力去掉，在一定的温度条件下，能恢复原来的形状。由于它具有百万次以上的恢复功能，因此叫作记忆合金。形状记忆合金的主要性能有：

① 机械性质优良，能恢复的形变可达 10%(一般金属材料小于 0.1%)。

② 加热时产生的回复应力非常大，可达 500 MPa。

③ 可感受温度、外力变化并通过调整内部结构来适应外界条件。

形状记忆合金是目前形状记忆材料中记忆性能最好的材料。迄今为止，人们发现的具有形状记忆效应的合金有50多种。按组成和相变特征主要分为三大类。

(1) 钛-镍系形状记忆合金

钛-镍(Ti-Ni)合金是目前形状记忆性能最好的品种，而且它还具有对人体无害、力学性能好、强度高、韧性和塑性好、耐腐蚀性优良等特点。

人们在Ti-Ni合金的基础上又开发了Ti-Ni-Cu、Ti-Ni-Fe、Ti-Ni-Cr、Ti-Ni-Pb、Ti-Ni-Nb等新型合金；Ti-Ni系形状记忆合金特别适合医学领域，因为它的表面可以形成一层稳定的钝化膜，对人体无害，也不会和人体内的物质发生化学反应，从而具有很好的生物相容性。

(2) 铜系形状记忆合金

铜系形状记忆合金的记忆性能、力学性能、耐腐蚀性、生物相容性都不如Ti-Ni合金，但它最大的优势是价格低，只有Ti-Ni合金的1/10左右，所以可以用于对性能要求较低的场合。铜系形状记忆合金的种类很丰富，主要有Cu-Zn-Al、Cu-Al-Ni、Cu-Au-Zn。

(3) 铁系形状记忆合金

铁系形状记忆合金应用前景最好的是Fe-Mn-Si-Cr-Ni、Fe-Mn-Co-Ti。虽然铁系形状记忆合金记忆性能也较差，但优点是价格更低，而且力学性能好、强度高、韧性好、加工性好，所以具有很好的发展前景。

2. 形状记忆合金的应用

形状记忆合金由于具有许多优异的性能，因而广泛应用于航空航天、机械电子、生物医疗、桥梁建筑、汽车工业及日常生活等多个领域。

(1) 航空航天领域中的应用

形状记忆合金已应用到航空和太空装置中，如用在军用飞机液压系统中的低温配合连接件。还可用于制造探索宇宙奥秘的月球天线，如图10-5所示。

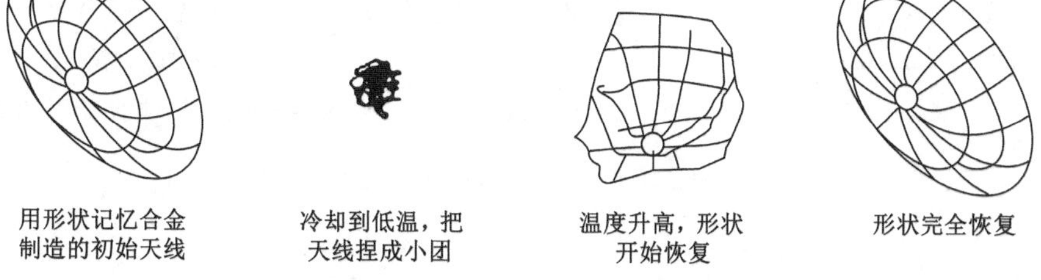

图10-5 用形状记忆合计制造的天线

(2) 工程中的紧固件和连接件

形状记忆合金连接件结构简单、质量小、所占空间小，并且安全性高、拆卸方便、性能稳定可靠，在连接紧密部件、不可焊部件、人类不易到达区域的工程部件(如深水工程、太空工程)、异种材料等方面显示了其优越性。大量使用形状记忆合金材料的是各种管件的接头，如图10-6所示。

1970年，美国用形状记忆合金制作F-14战斗机上的低温配合连接器，随后形状记忆合

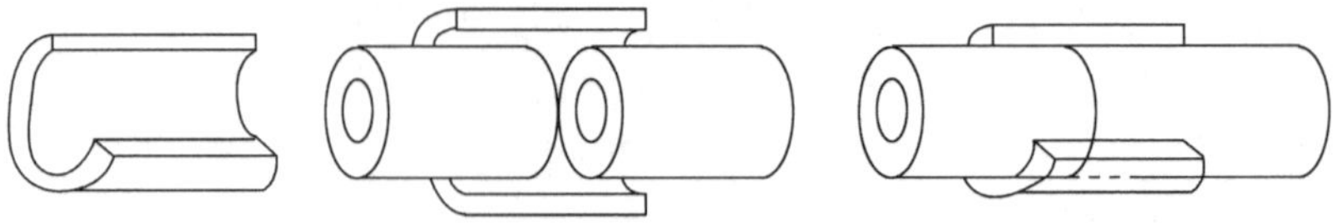

图 10-6　形状记忆合金管件接头

金作为低温配合连接器在飞机的液压系统中及体积较小的石油、石化、电工业产品中广泛应用。另一种连接件的形状是焊接的网状金属丝，用于制造导体的金属丝编织层的安全接头。这种连接件已经用于密封装置、电气连接装置、电子工程机械装置，并能在－65～300 ℃条件下可靠地工作。

将形状记忆合金制作成一个可打开和关闭快门的弹簧，用于保护雾灯免于飞行碎片的击坏。在机械制造过程中，各种冲压和机械操作常需将零件从一台机器转移到另一台机器上，现在利用形状记忆合金开发了一种取代手动或液压夹具，这种装置叫驱动汽缸，它具有效率高、灵活、装夹力大等特点。

(3) 生物医学领域中的应用

目前在生物医学领域中应用的形状记忆合金主要是 Ti-Ni 形状记忆合金。Ti-Ni 形状记忆合金强度高、耐腐蚀、抗疲劳、无毒副作用、生物相容性好，可以埋入人体做生物硬组织的修复材料。国内外大量的生物化学试验表明，Ti-Ni 形状记忆合金与不锈钢、钴铬合金相比，具有更为优良的生物相容性和生物蜕变性，可在人体内长期留置。形状记忆合金已成为商业性的生物医用材料。外科中用 Ti-Ni 形状记忆合金制作各种骨连接器、血管夹、凝血过滤器以及血管扩张元件等。同时还广泛应用于口腔科、骨科、心血管科、胸外科、肝胆科、泌尿科、妇科等，随着形状记忆合金的发展，医学应用将会更加广泛。图 10-7 所示为血管扩张器的示意图。

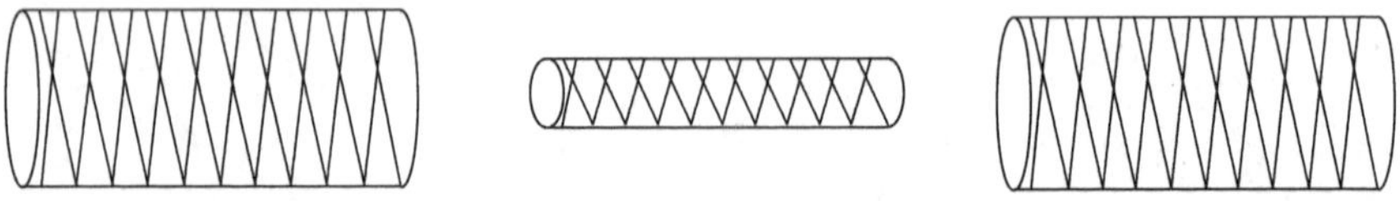

图 10-7　血管扩张器的示意图

(4) 日常生活中的应用

① 防烫伤阀。在家庭生活中，已开发的形状记忆阀可用来防止洗涤槽、浴盆和浴室的热水意外烫伤，这些阀门也可用于旅馆和其他适宜的地方。如果水龙头流出的水温达到可能烫伤人的温度(大约 48 ℃)时，形状记忆合金驱动阀门关闭，直到水温降到安全温度，阀门才重新打开。

② 眼镜框架。在眼镜框架的鼻梁和耳部装配 Ti-Ni 合金可使人感到舒适并抗磨损，由于 Ti-Ni 合金所具有的柔韧性已使它们广泛用于眼镜时尚界。用超弹性 Ti-Ni 合金丝制作眼镜框架，即使镜片热膨胀，该形状记忆合金丝也能靠超弹性的恒定力夹牢镜片。这些超弹性合金制造的眼镜框架的变形能力很大，而普通的眼镜框架则不能做到。

③ 移动电话天线和火灾检查阀门。使用超弹性 Ti-Ni 金属丝制作蜂窝状电话天线是形状记忆合金的另一个应用。过去使用不锈钢天线，由于弯曲常常出现损坏问题，使用 Ti-Ni 形状记忆合金丝制作移动电话天线，具有高抗破坏性，受到人们的普遍欢迎。因此常用来制作蜂窝状电话天线和火灾检查阀门。

（二）形状记忆陶瓷

早期，形状记忆材料主要是合金。后来，人们发现陶瓷材料也具有形状记忆效应。形状记忆陶瓷的机理比金属复杂，可以分为不同的类型，包括马氏体相变形状记忆效应、铁电性形状记忆效应、铁磁性形状记忆效应、黏弹性形状记忆效应等。马氏体相变形状记忆效应的机理和形状记忆合金相同。其他类型的机理目前仍在研究当中。其中，关于黏弹性形状记忆效应，有人认为是由于这类陶瓷包括结晶态和玻璃态两种结构，它们在特定条件下会互相转变，导致陶瓷的形状发生可逆变化，从而形成了形状记忆效应，如图 10-8 所示。

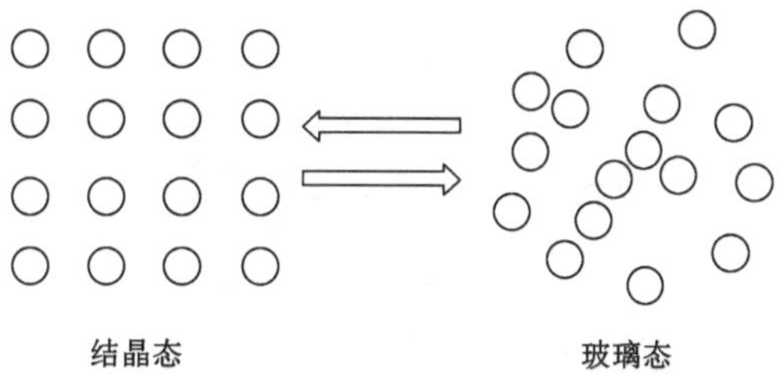

图 10-8　黏弹性形状记忆效应

形状记忆陶瓷的种类比较多，其中，马氏体相变形状记忆陶瓷有 ZrO_2、$BaTiO_3$、$PbTiO_3$ 等，黏弹性形状记忆陶瓷有 Al_2O_3、SiC、Si_3N_4 等。

陶瓷的形状记忆效应与合金和高分子相比有以下特点：首先是形状记忆陶瓷的形变量较小；其次是形状记忆陶瓷在每次形状记忆和恢复过程中都会产生不同程度的不可恢复形变，并且随着形状记忆和恢复循环次数的增加，累积的变形量会增加，最终导致裂纹的出现。

由于具有上述特点，形状记忆陶瓷的应用受到了一定的限制，目前只是少量应用于储能器件、生物医学等领域。

（三）形状记忆高分子

形状记忆高分子是指具有初始形状的制品，在一定的条件下改变其初始形状并固定后，通过外界条件（如热、光、电、化学感应等）的刺激，又可恢复其初始形状的高分子材料。

高分子材料的形状记忆效应与内部的分子链排列有关系。在某个条件（如温度）时，分子链按照某种方式排列，而且处于平衡状态，整块材料具有一定的形状。当把材料放置到另一个条件（如较低温度）并施加作用力时，材料的形状发生改变，分子链按照另一种方式排列，处于另一种平衡状态。当对材料加热，达到原来的温度时，分子链会恢复到原来的排列方式，整块材料也恢复到原来的形状，如图 10-9 所示。

与形状记忆合金和陶瓷相比，形状记忆高分子由于其刺激方式多样化、质轻价廉、具有更优异的弹性形变、力学性能可在较宽范围内调节、潜在的生物相容性及生物可降解性、柔韧性好、变形温度范围可调整、原材料充足、易加工成型、耐腐蚀、电绝缘性和保温效果好等优势，成为被大力发展的一种新型形状记忆材料。

近几十年，形状记忆高分子材料在科研和工业领域都有了广泛深入的研究，目前很多产

图 10-9　高分子材料的形状记忆效应

品已经在社会生产、生活中获得了应用。

1. 智能座椅

人们用形状记忆高分子材料制造了一种智能座椅，它能够自动展开和折叠。首先，在温度较高的环境里，把展开后的座椅制造出来，然后降低温度，它就可以自动折叠起来，如图 10-10 所示。

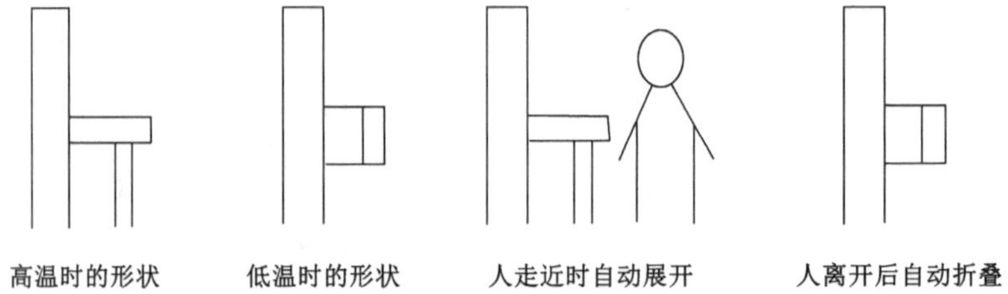

图 10-10　智能座椅

2. 自修复材料

材料在使用过程中，经常由于碰撞发生变形或破损，有人用单程形状记忆高分子材料制造了能自我修复的材料。发生变形后，对材料加热，甚至放在阳光下照射，材料就自动恢复原形。

3. 生物医药领域

有人用形状记忆高分子材料制造了一种智能手术缝合线。首先，在体温环境里制造成比较短的缝合线；然后冷却到正常的室温，并把它拉长；用它缝合伤口后，它会在体温的作用下自动发生收缩，把伤口缝合起来，如图 10-11 所示。此外，有人还用形状记忆高分子材料制造了人造肌肉、骨骼、血管、矫形器等产品。

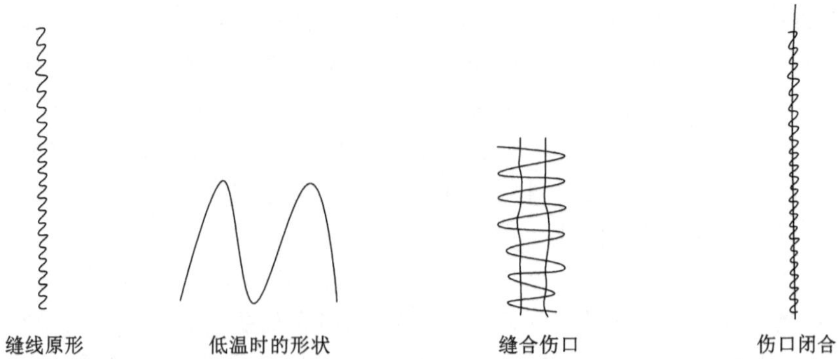

图 10-11　智能手术缝合线

第三节　智能高分子材料

智能高分子材料又称机敏材料，也被称为刺激-响应型聚合物或环境敏感型聚合物，是一种在不同程度上能够感知或监测环境的变化，进而能进行自我判断并得出结论，最终进行或实现指令和执行功能的新型高分子材料，是智能材料的一个重要的组成部分。它是通过分子设计和有机合成的方法使有机材料本身具有生物所赋予的高级功能，如自修复与自增殖能力、认识与鉴别能力、刺激响应与环境应变能力等。环境刺激因素很多，如温度、pH值、离子、电场、磁场、溶剂、反应物、光(或紫外光)、应力和识别等，对这些刺激产生有效响应的智能高分子材料自身性质会随之发生变化。

一、智能高分子材料的分类

智能高分子材料种类繁多，可以根据其形态和尺寸、来源、构成高分子的网络交联方式、对外界刺激响应的敏感度等进行分类。根据来源，可将其分为天然智能材料和合成智能材料；根据构成高分子网络交联的方式不同，可将其分为化学交联智能材料和物理交联智能材料；根据有无外界刺激，又可将其分为刺激-响应型智能材料和自振荡型智能材料两类。

刺激-响应型高分子材料被认为是智能高分子材料的典型代表。它也是目前最常见且研究最广泛的一类智能材料，其自身可以感知外界环境的细微变化(刺激)，从而做出响应，产生相应的物理结构和化学性质的变化甚至突变，其刺激-响应过程如图10-12所示。根据其对不同外界环境、条件变化的敏感性，可以将刺激-响应型高分子材料分为pH值敏感型、温度敏感型、电场敏感型、磁场敏感型、光敏感型及化学物质敏感型等。

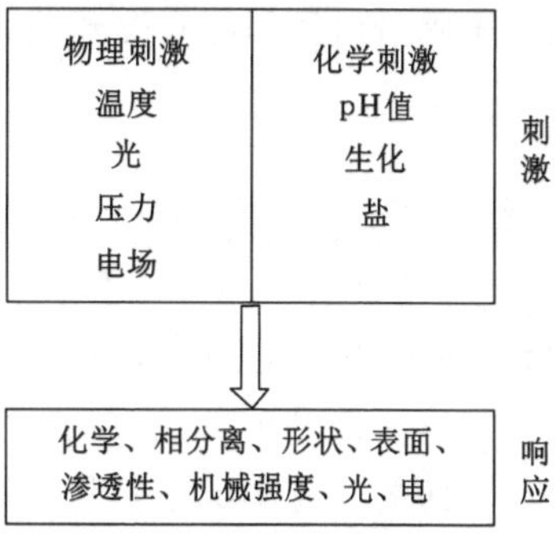

图10-12　智能高分子材料的刺激-响应过程

二、智能高分子材料的应用

1. 新型建筑材料

数千年来，人们建造的建筑物都是模拟动物的壳，天花板和墙壁都密不透风，以便把建筑物内、外隔开。科学家正在研制一种能自行调温、调光的新型建筑材料，这种制品叫“云胶”，其成分是水和一种聚合物的混合物，这种聚合物的一部分是油质成分，在低温时这种油质成分把水分子以一种冰冻的方式聚集在这种聚合物纤维的周围，就像一件“冰夹克衫”，这种像绳子似的聚合物是成串排列起来的，呈透明状，可以透过90%的光线。当它被加热时，这种聚合物分子就像“面条在沸水里”那样翻滚，并抛弃它们的“冰夹克衫”，使聚合纤维聚在一起，此时“云胶”又从清澈透明变成白色，可阻挡90%的光。这一转变大部分情况下在两三度温差范围内就能完成，并且是可逆的。

建筑物如果具有这样的“皮肤”，就可以适应周围的环境。当天气寒冷时，它就变成透明状，让阳光照射进来。当天气暖和且必须把阳光挡住时，它就变得半透明。一个装有云胶的天窗，当太阳光从天空的一端移向另一端时，能提供比较恒定的进光量。

2. 智能塑料

德国著名的化工集团巴斯夫公司研制了一种智能塑料可以按人们的需要时而变硬时而变软，这种名为“施马蒂斯”的塑料是由这家公司的工程师舒勒发明的。他在烧杯中倒入一种乳白色流体，用一根金属棒搅拌，液体渐渐变稠，最后成为硬块，接着硬块又在顷刻之间变成液体。如果急速把金属棒从液体中抽出，那么液体就会像胶水一样把棒拉住，只有非常缓慢地提起，才能抽出金属棒。这种塑料的溶剂是水，其微小的颗粒排列整齐时呈液体状，受到干扰时就呈固体状。因而人们可通过各种外因来变换它的物理状态。这种塑料能自行消除外来的撞击，特别适合于车辆的缓冲器，用这种塑料制成的油箱即使被坦克压过也不会破裂，用于建房则抗震性能特强。如果在桥梁钢架上套上一层用这种塑料制成的微型管道网，其中储存有防锈剂，一旦钢架生锈，管道会自行熔化，释放出防锈剂。以此制成的胶囊丸服用后，可到达体内指定部位才释放出药物。

3. 液晶膜

日本研制的用高分子聚碳酸酯与液晶结合而成的液晶膜或人工分离膜已在医药工业领域得到应用。在医疗领域中，将薄膜做成胶囊状，把消炎剂放入里面，然后将胶囊埋入发炎部位，胶囊可依据患处发炎而引起的温度变化，及时释放出药剂，达到预期的治疗目的和治疗效果。在食品工业方面，利用人工膜可研制出味觉感知器，并可改进或制造所需的各种食品成分。

4. 智能皮肤

把高分子材料和传感器结合起来，已成为智能材料的一个新的特点。意大利研制的有“感觉”功能的“智能皮肤”已处于世界领先地位。1994年，意大利比萨大学工程专家德·罗西根据人类皮肤有表皮和真皮(外层和内层)组织的特点，为机器人制造了一种由外层和内层构成的人造皮肤，这种皮肤不仅富有弹性，厚度也和真的皮肤差不多。为了使人造皮肤能“感知”物体表面的质感细节，德·罗西的研究小组还研制了一种特殊的表皮，这种表皮由两层橡胶薄膜组成，然后在两层橡胶薄膜之间放置只有针尖大小的传感器，这些传感器是由压电陶瓷制成的，在受到压力时就产生电压，受压越大产生的电压也就越大。

5. 其他应用

美国的一些桥梁专家正在研究主动式智能材料，能使桥梁出现问题时自动加固。美国密歇根大学则在研究一种能自动加固的直升机水平旋翼叶片，当叶片在飞行中遇到疾风作用而猛烈振荡时，分布在叶片中的微小液滴就会变成固体而自动加固。人们还在研究一种住宅用的“智能墙纸”，当住宅中的洗衣机等机器产生噪声时，智能墙纸可以使这种噪声减弱。

总之，高分子智能材料已成为材料科学的一个重要研究领域，各国科学家正在为此做着不懈的努力。从人类发展的历史证明，每一种重要材料的发现和利用，都会把人类支配和改造自然的能力提高到一个新的水平，给社会生产力和人类生活带来巨大的变化，把人类物质文明和精神文明向前推进一步。可以肯定地说，终有一天各种各样实用的智能材料会大量出现在我们的面前。

第四节　压电材料

压电材料是一种典型的智能材料，它既可以将机械能（机械信号）转换成电能（电信号），又可以将电能（电信号）转换成机械能（机械信号）。因此，它既可以用来制作传感器，也可以用来制作执行器。压电材料是传感器、换能器和执行器系统中的重要材料之一。

一、压电效应

压电现象是100多年前居里兄弟研究石英时发现的。压电晶体在受到外力作用发生形变时，晶体内部的电荷中心会发生偏移，从而出现电荷不对称分布的特性，在它的表面出现极化电荷。这种没有电场作用，只是由外力作用而使晶体表面出现电荷的现象，称为压电效应。压电效应是任何压电材料都具有的重要特性。压电材料的压电效应分为正压电效应（力-电效应）和逆压电效应（电-力效应）两种。

1. 正压电效应

当晶体受到某固定方向外力的作用时，内部就会产生电极化现象，同时在某两个表面上产生符号相反的电荷；当外力撤去后，晶体又恢复到不带电的状态；当外力作用方向改变时，电荷的极性也随之改变；晶体受力所产生的电荷量与外力的大小成正比。压电式传感器大多是利用正压电效应制成的。正压电效应的本质是机械作用引起介质极化，反映了压电材料具有将机械能转变为电能的能力。检测出压电元件上的电荷变化，通过变化即可得知元件或元件嵌入结构处的变形量，因此，利用正电压效应可制成结构振动控制或结构健康监测中的智能传感器，还可制成能量采集装置。

2. 逆压电效应

逆压电效应是指对晶体施加交变电场引起晶体机械变形的现象。逆压电效应的本质是电场作用引起介质极化，反映了压电材料具有将电能转换为机械能的能力。因此，利用逆压电效应将压电材料制成驱动元件，嵌入结构中以改变结构形状或结构的应力状态，如用于结构振动控制中智能驱动器制造等。

图10-13所示为压电效应原理图。

二、压电材料的分类

压电材料主要分为三类：压电晶体（单晶）、压电陶瓷（多晶）及新型压电聚合物材料。

① 压电晶体一般指压电单晶体，是指按晶体空间点阵长程有序生长而成的晶体。这种晶体结构无对称中心，因此具有压电性，常用的压电材料有石英、钛酸钡等单晶材料。

② 压电陶瓷则泛指压电多晶体，是指用必要成分的原料进行混合、成型、高温烧结，由粉粒之间的固相反应和烧结过程而获得的微细晶粒无规则集合而成的多晶体，如钛酸钡、钛酸铅等多晶材料。

③ 压电聚合物，如聚偏氟乙烯（PVDF）及以它为代表的其他有机压电（薄膜）材料，这类

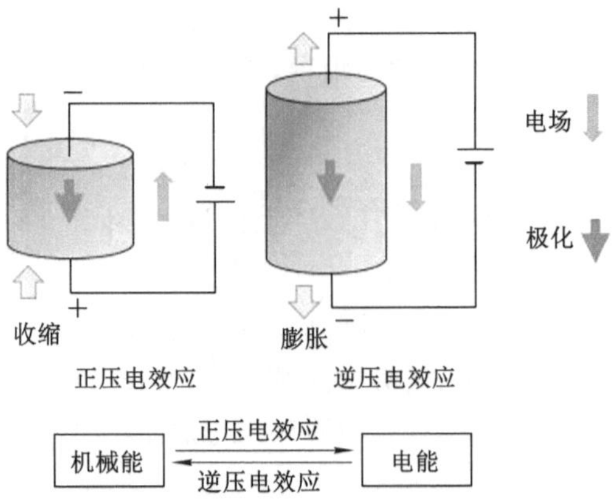

图 10-13　压电效应原理图

材料因其材质柔韧、低密度、低阻抗和高压电电压常数等优点受到关注，且发展十分迅速，在水声超声测量、压力传感、引燃引爆等方面获得应用。

三、压电材料的应用

自 1942 年第一个陶瓷型压电材料钛酸钡诞生以来，作为压电陶瓷的应用产品，已遍及人们生活的各个方面。压电材料作为机电耦合的纽带，其应用大致可分为两大方面：以压电谐振器为代表的压电陶瓷频率控制器件方面的应用和作为机械能与电能相互转换的准静态的应用。压电材料还可以在传感器和驱动器上应用。此外，压电材料在新能源技术中也得到了广泛的使用，即压电发电技术。

1. 压电振子与压电陶瓷频率控制器件

极化后的压电陶瓷(即压电振子)，具有由其尺寸所决定的固有振动频率，利用压电振子的固有振动频率和压电效应可以获得稳定的电振荡。当所加电压的频率与压电振子的固有振动频率相同时会引起共振，振幅大大增加。此过程交变电场通过逆压电效应产生应变，而应变又通过正压电效应产生电流，实现了电能和机械能最大限度地互相转换。利用压电振子这一特点，可以制造各种滤波器、谐振器等器件。

2. 压电变压器

压电变压器是利用压电效应的电能和机械能相互转换的特性制备而成的，由输入端和输出端两部分组成，其电极化方向相互垂直。输入端沿厚度方向极化，施加交变电压后做纵向振动，由于逆压电效应，输出端就会有高压输出。

压电陶瓷变压器是一种新型固态电子器件，与传统的电磁式变压器相比，具有结构简单、体积小、重量轻、变压比大、稳定性好、无电磁干扰及噪声、效率高、能量密度大、安全性高、无绕组、不可燃烧、无漏磁现象及电磁辐射污染等优点。

3. 压电换能器

压电换能器是利用压电陶瓷的正压电效应和逆压电效应实现电能和声能相互转化的。压电超声换能器就是其中的一种，它是水下发射和接收超声波的水声器件。处于水中的压电换能器在声波的作用下，换能器两端会感应出电荷来，这就是声波接收器；若在压电陶瓷片上施加一个交变电场，陶瓷片就会时而变薄时而变厚，同时产生振动，发射声波，这就是超声波发射器。

压电换能器在工业中还被广泛用作水中导航、海洋探测、精密测量、超声清洗、固体探伤以及医学成像、超声诊断、超声疾病治疗等方面。当今压电超声换能器的另一个应用领域是遥测和遥控系统，其具体应用实例主要有压电陶瓷蜂鸣器、压电点火器、超声显微镜等。

4. 压电超声马达

压电超声马达是利用压电陶瓷的逆压电效应产生超声振动，将材料的微变形通过共振放大，靠振动部分和移动部分之间的摩擦力来驱动。

与传统电磁马达相比，具有成本低、结构简单、体积小、高功率密度、低速性能好(可以实现低转速运行而不用减速机构)、转矩及制动转矩大、响应快、控制精度高、无磁场和电场、没有电磁干扰和电磁噪声等特点。

压电超声马达由于自身的特点和性能上的优势，广泛应用于精密仪器、航天航空、自动控制、办公自动化、微型机械系统、精密定位等领域。目前，日本在该领域处于技术领先地位，已将压电超声马达普遍用于照相机、摄像机的自动调焦，并形成规模系列产品。

第五节　光致变色材料

光致变色现象指的是化合物在受光照射后，其吸收光谱发生改变的可逆过程，具有这种性质的物质称为光致变色材料。其实质是在一定的波长和强度的光作用下化合物的分子结构会发生变化，从而导致其对光的吸收峰值(即颜色)的相应改变，且这种改变一般是可逆的。

光线都具有一定的能量，光致变色材料受到光线照射后，吸收光线的能量，化学成分或显微结构会发生变化，有的分子结构会发生变化，有的元素的化合价会发生变化，有的会产生晶体缺陷，如图 10-14 所示。这样，它吸收和反射回来的光线和原来的就不一样了，所以就呈现不同的颜色。光线的种类不同，波长和频率就不一样，具有的能量也不一样，光致变色材料受到照射后，化学成分或显微结构的变化也不一样，所以最终呈现的颜色也不一样。

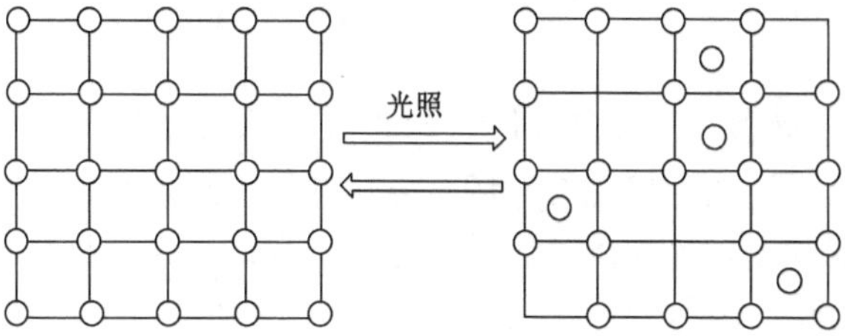

图 10-14　光照产生晶体缺陷

一、光致变色材料的分类

光致变色材料分为有机类和无机类两种。有机类有螺吡喃类衍生物、偶氮苯类衍生物等。该类变色材料的特点是：发色和消色快，但热稳定性及抗氧化性差，耐疲劳性低，且受环境影响大。无机类有掺杂单晶的 $SrTiO_3$，它克服了有机光致变色材料热稳定性及抗氧性差、耐疲劳性低的缺点，且不受环境影响。但无机光致变色材料发色和消色较慢，粒径较大。

二、典型的光致变色材料

1. 光致变色玻璃

光致变色玻璃也称光色互变玻璃，简称光色玻璃，其特性是透光性随光辐射强度的改变而改变。在阳光照射下，由于玻璃吸收紫外短波光而变暗，而进入室内阳光照射停止后，玻璃褪色而复明。光致变色玻璃是在玻璃原料中加入特殊的感光材料制作而成，最常见的是使用卤化银。卤化银本身是无色的，在没有光线条件下，卤化银呈离子态，对光的散射极小，因银离子是透明的，所以镜片也是透明的；而在光照下，卤化银产生光化学反应而析出游离态银原子和卤素原子，不稳定电子离开卤素离子，与银离子结合为金属银并吸收光，在可见光区引起透过率降低（暗化或着色），镜片则变深，其光致变色过程如图 10-15 所示。光照射停止后，银原子与其附近的卤素原子发生可逆化合反应，又形成透明的亚微观晶相卤化银，玻璃恢复透明状态，这种光致变色的过程是可逆的。

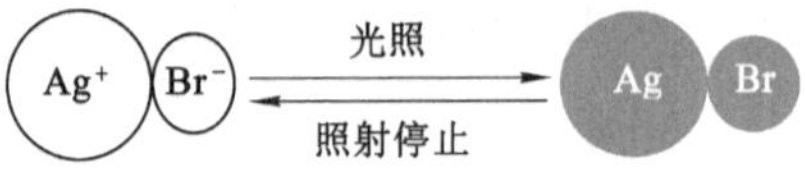

图 10-15　卤化银光致变色过程

2. 光致变色纤维

光致变色纤维是在太阳光或紫外光等的照射下颜色会发生变化的纤维，当光线消失之后又会可逆地变回原来的颜色。一般可通过在纤维中引入光敏剂，如二苯基硫代咔唑衍生物和汞、钯等二价或三价金属化合物，或在成纤聚合物中添加含结晶水的钴盐而使制取的纤维在不同的空气湿度环境中呈现不同的色泽。也可先合成具有光致变色性质的聚合物，如将能在可见光下发生氧化-还原反应的、色泽可逆变化的硫堇化合物衍生物导入聚合物，然后纺制成纤维，可用于部队伪装用纺织品、滑雪衣或测定空气中的湿度等。

三、光致变色材料的应用

1. 信息存储元件

利用光致变色化合物受不同强度和波长光照射时可反复循环变色的特点，可以将其制成计算机的记忆存储元件，实现信息的记忆与消除过程。其记录信息的密度大得难以想象，而且抗疲劳性能好，能快速写入和擦除信息。这是新型记忆存储材料的一个新的发展方向。

2. 装饰和防护包装材料

光致变色化合物可用作指甲油、漆雕工艺品、T 恤衫、墙壁纸等装饰品。为了适应不同的需要，可将光致变色化合物加入一般油墨或涂料用的胶黏剂、稀释剂等助剂中，混合制成丝网印刷油墨或涂料。还可将光致变色化合物做成透明塑料薄膜，贴到或嵌入建筑物的调光玻璃窗、汽车及飞机的挡风玻璃等，阻挡日光照射，保证安全。

3. 自显影全息记录照相

这是利用光致变色材料的光敏性制作的一种新型自显影干法照相技术。在透明胶片等支持体上涂一层很薄的光致变色物质（如螺吡喃、俘精酸酐等），其对可见光不感光，只对紫外光感光，从而形成有色影像。这种成像方法分辨率高，不会发生操作误差，而且影像可以反复录制和消除。

4. 国防上的用途

光致变色材料对强光特别敏感,因此可以用来制作强光辐射的计量计。它能测量电离辐射、紫外线、X射线等的剂量。如将其涂在飞船的外部,能快速精确地计量出辐射的剂量。光致变色材料还可以制成多层滤光器,控制辐射光的强度,防止紫外线对人眼及身体的伤害。

第六节 电致变色材料

电致变色材料是指材料的光学属性(反射率、透过率、吸收率等)在外加电场的作用下发生稳定、可逆的颜色变化的现象,在外观上表现为颜色和透明度的可逆变化。具有电致变色性能的材料称为电致变色材料,用电致变色材料做成的器件称为电致变色器件。

电致变色实质是一种电化学氧化还原反应,是材料的化学结构在电场作用下发生改变,进而引起材料吸收光谱的变化。

一、电致变色材料的分类

电致变色材料主要有无机电致变色材料和有机电致变色材料两大类。

1. 无机电致变色材料

无机电致变色材料主要指某些过渡金属的氧化物、配合物、水合物等,典型代表是三氧化钨(WO_3),它会在电子的作用下和一些阳离子如 H^+、Na^+ 等发生反应,生成钨青铜型物质,从而产生颜色。化学反应式是:

$$WO_3 + xMe^+ + xe^- = Me_xWO_3 \quad (Me^+ 为 H^+、Li^+、Na^+ 等)$$

目前,以 WO_3 为功能材料的电致变色器件已经产业化。

无机电致变色材料化学稳定性好、制备工艺简单、抗辐射能力强、易实现全固化,但颜色变色比较单一。

2. 有机电致变色材料

有机电致变色材料主要有聚噻吩类及其衍生物、紫罗精类、四硫富瓦烯、金属酞菁类化合物等。以紫罗精类为功能材料的电致变色材料已经得到实际应用。

紫罗精变色材料属于氧化还原型化合物,具有三种不同的氧化还原状态,在不同的状态时具有不同的颜色。在一定的条件下,这些化合物会从一种状态转变为其他的状态,所以产生变色。图10-16所示为紫罗精的状态转化示意图。在这三种状态中,状态A是无色的,状态B和C分别呈现不同的颜色。所以,在A、B和B、C的转化过程中,会发生变色现象。

二、电致变色材料的应用

1. 电致变色显示

电致变色材料具有双稳态的性能,用电致变色材料做成的电致变色显示器件不仅不需要背光灯,而且显示静态图像后,只要显示内容不变化,就不会耗电,可以达到节能的目的。电致变色显示器和其他显示器相比,具有无视盲角、对比度高、制造成本低、工作温度范围宽、驱动电压低、色彩丰富等优点,在仪表显示、户外广告、静态显示等领域具有很大的应用

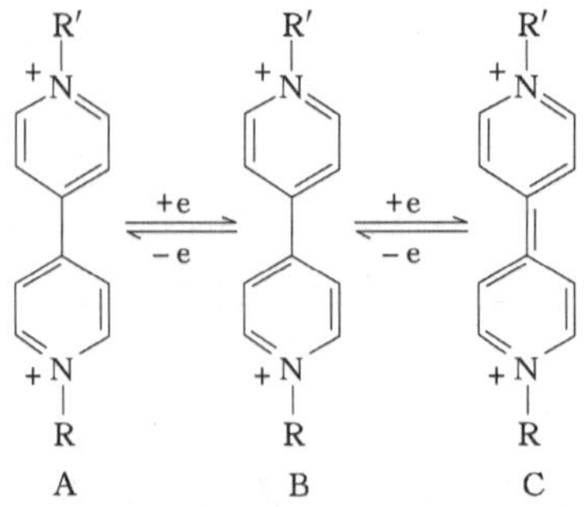

图 10-16　紫罗精的状态转化示意图

前景。目前,通过丝网印刷技术制备的电致变色显示器件已经在智能卡、智能标签等领域得到了广泛应用。

2. 电致变色智能窗

电致变色智能窗在电场作用下具有光吸收透过的可调节性,可选择性地吸收或反射外界的热辐射和阻挡内部热扩散,减少办公大楼和民用住宅等建筑物在夏季保持凉快和冬季保持温暖而必须耗费的大量能源。同时,也起到改善自然光照程度、防窥、防眩目等作用。图 10-17 所示为电致变色智能窗。

图 10-17　电致变色智能窗

3. 汽车自动防眩目后视镜

强烈的太阳光及汽车远光灯的强光照射会使汽车的后视镜产生令人眩目的反光,给道路交通造成很大的安全隐患。用电致变色材料制作的自动防眩目后视镜,可以通过电子感应系统根据外来光的强度调节反射光的强度,达到防眩目的目的。

如果汽车防眩目后视镜技术能和光伏器件结合起来,利用光伏器件对外来光的感应产生的电能来调节防眩目后视镜的变色,可达到节能、去污染的双重目的。

4. 电致变色眼镜

电致变色眼镜采用电致变色技术和电子传感器技术,镜片感应到阳光的变化时,会自动在瞬间产生变化,阳光强镜片就变暗,阳光弱镜片就变亮,也可根据个人的喜好进行调节。

目前,国内外公司生产的电致变色眼镜已经用在了安全头盔护目镜、飞行员头盔、滑雪护目镜、军用防沙尘调光护目镜和时尚眼镜方面,具有防紫外、调节眼睛舒适度等功能,得到了滑雪爱好者、机动车驾驶员、飞行员、时尚爱好者的喜欢。

思 考 题

1. 何谓智能材料？智能材料有哪些特征？
2. 什么是形状记忆材料？常见的有哪几种类型？
3. 什么是智能高分子材料？请举例说明它的应用。
4. 什么是压电效应？具有压电效应的材料主要包括哪几类？
5. 何谓光致变色与电致变色现象？两者本质有何不同？
6. 请总结智能材料的种类及应用。

第十一章　材料分析方法

第一节　概　　述

材料的设计、制造和表征是材料研究中的三个重要方面。材料的设计要依据对材料性能的需求分析和对材料结构及其性能间关系的认识来进行，材料制备的实际效果也必须通过材料结构检测和性能检测来加以分析。材料结构与性能表征的研究水平对新材料的研究、发展和应用具有重要作用。因此，材料结构与性能的表征在材料研究中占据了十分重要的地位。

成分、结构、加工和性能是材料科学与工程的四个基本要素，成分和结构从根本上决定了材料的性能，对材料的成分和结构进行精确表征是材料研究的基本要求，也是实现性能控制的前提。为了深入理解材料的本质、提高材料研究水平，必须掌握先进的材料分析手段。

一、材料分析的主要内容

材料分析测试技术的发展，使得材料分析不仅包括材料整体的成分、结构分析，也包括材料表面与界面分析、微区分析、形貌分析等诸多内容。材料分析已经成为材料科学的重要研究手段，广泛应用于解决材料理论和工程实际问题。材料分析主要分为四部分内容：

① 表面和内部组织形貌：包括材料的外观形貌（如纳米线、断口、裂纹等）、晶粒大小与形态、界面（表面、相界、晶界）。

② 晶体的相结构：各种相的结构（即晶体结构类型和晶体常数）、相组成、尺寸与形态、含量与分布、位向关系（新相与母相、孪生相）、晶体缺陷（点缺陷、位错、层错）、夹杂物。

③ 化学成分和价键（电子）结构：包括宏观和微观化学成分（不同相的成分、基体与析出相的成分）、同种元素的不同价键类型和化学环境。

④ 有机物的分子结构：包括高分子链的局部结构（官能团、化学键）、构型序列分布、共聚物的组成等。

二、材料分析方法的理论依据

尽管材料分析手段纷繁复杂，但它们也具有共同之处。除了个别研究手段（如扫描探针显微镜）以外，基本上是利用入射电磁波或物质波（X 射线、电子束、可见光、红外光）与材料作用，产生携带样品信息的各种出射电磁波或物质波，探测这些出射的信号，进行分析处理，即可获得材料的组织、结构、成分、价键信息。

随着科学研究和生产实践的水平不断提高，现代材料分析方法也获得了突飞猛进的发展，新型的材料研究手段日益精密、全面，并向综合化和大型化方向发展。比如一台新型的场发射透射电子显微镜，除了具备原子分辨水平的结构分析功能之外，通常配备成分分析附件(EDS)和电子结构分析附件(EELS)，从而具备了全面的分析功能。同时，单一的分析手段已经不能满足人们对于材料分析的要求，在一个完整的研究工作中，常常需要综合利用形貌分析、物相分析和成分与价键分析才能获得丰富而全面的信息。

材料分析通过对表征材料的物理性质参数及其变化(称为测量信号或特征信息)的检测实现的。材料分析的基本原理是指测量信号与材料成分、结构等的特征关系。

采用各种不同的测量信号(相应地具有与材料的不同特征关系)形成了各种不同的材料分析方法。

材料分析方法可以分为形貌分析、物相分析、成分与价键分析及分子结构分析四大类。此外，基于其他物理性质或电化学性质与材料的特征关系而建立的色谱分析、质谱分析、电化学分析及热分析等方法也是材料分析的重要方法。本章主要介绍形貌分析、物相分析、成分与价键分析、分子结构分析及热分析等五大类分析方法。

第二节　形貌分析

微观结构的观察和分析对于理解材料的本质至关重要，组织形貌分析借助各种显微技术认识材料的微观结构。表面形貌分析技术经历了光学显微镜(OM)、电子显微镜(SEM)、扫描探针显微镜(SPM)的发展过程，现在已经可以直接观测到原子的图像。

形貌分析的主要内容是分析材料的几何形貌、材料的颗粒度及颗粒度的分布以及形貌微区的成分和物相结构等方面。

形貌分析方法主要有：光学显微镜(Optical Microscopy，OM)、扫描电子显微镜(Scanning Electron Microscopy，SEM)、透射电子显微镜(Transmission Electron Microscopy，TEM)、扫描隧道显微镜(Scanning Tunneling Microscopy，STM)和原子力显微镜(Atomic Force Microscopy，AFM)。

一、光学显微镜

自古以来，人们对微观世界就充满了敬畏和好奇。光学显微分析技术则是人类打开微观世界物质之门的第一把钥匙。通过500多年来的发展，人类利用光学显微镜步入微观世界，绚丽多彩的微观物质形貌逐渐展现在人们的面前。

1. 光学显微镜的构造和光路图

如图11-1所示，光学显微镜主要由目镜、物镜、载物台和反光镜组成。目镜和物镜都是凸透镜，焦距不同。物镜的凸透镜焦距小于目镜的凸透镜焦距。物镜相当于投影仪的镜头，物体通过物镜成倒立、放大的实像。目镜相当于普通的放大镜，该实像又通过目镜成正立、放大的虚像。显微镜是利用凸透镜的放大成像原理，将人眼不能分辨的微小物体放大到人眼能分辨的尺寸。显微镜由两个会聚透镜组成，光路图如图11-2所示。物体AB经物镜成放大倒立的实像A_1B_1，A_1B_1位于目镜的焦距的内侧，经目镜后成放大的虚像A_2B_2于明视距离处。

光学显微分析利用可见光观察物体的表面形貌和内部结构，鉴定晶体的光学性质。透

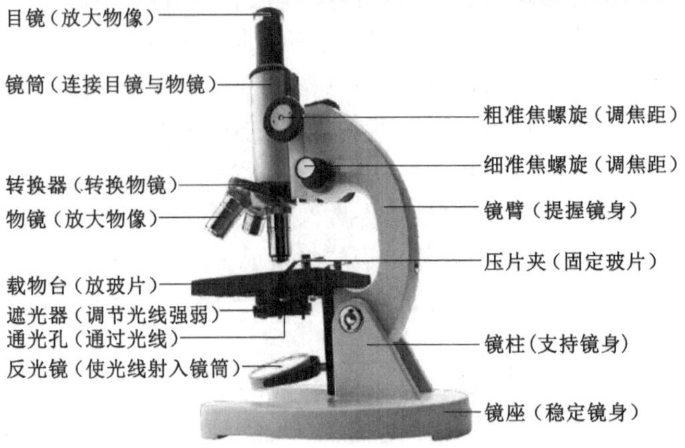

图 11-1　光学显微镜的外形结构图

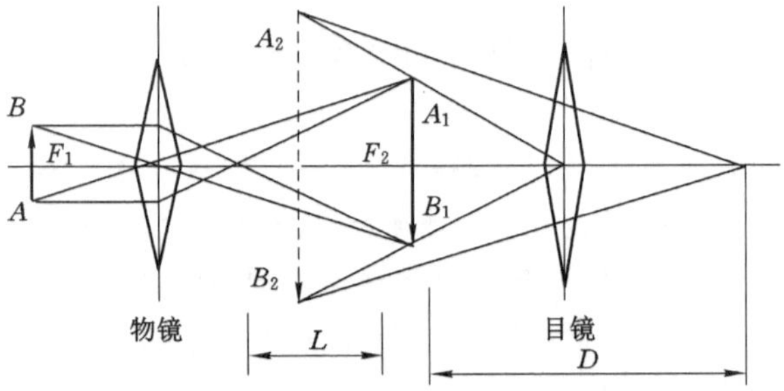

AB—物体；A_1B_1—物镜放大图像；A_2B_2—目镜放大图像；F_1—物镜的焦距；F_2—目镜的焦距；

L—光学镜筒的长度(即物镜后焦点与目镜焦点之间的距离)；D—明视距离(人眼的正常明视距离为 250 mm)。

图 11-2　显微镜放大原理光路图

明晶体的观察可利用透射显微镜，如偏光显微镜。而对于不透明物体只能使用反射显微镜，即金相显微镜。利用偏光显微镜和金相显微镜进行晶体光学鉴定，是研究材料的重要方法之一。

2. 光学显微分析样品的制备

制作合格的显微分析光片是成功进行光学显微分析的前提。用于光学显微分析的光片样品应满足如下要求：显微分析光片能代表所要研究的对象，光片的检测面平整光滑，能显示所要研究对象的内部组织结构。光片的制作一般要经过取样、镶嵌、磨光、抛光以及浸蚀等步骤。

① 取样。光片的取样部位应具有代表性，应包括所要研究的对象并满足研究的特定要求。比如，在研究玻璃液对耐火材料的浸蚀时，可以在耐火材料被浸蚀表面上取样分析其浸蚀产物，也可在耐火材料横截面上取样分析其浸蚀深度。

② 镶嵌。对一些形状特殊或尺寸细小而不易握持的样品，需进行样品镶嵌。常用的镶嵌法有机械夹持法、塑料镶嵌法和低熔点镶嵌法等。

③ 磨光。磨光的目的是去除取样时引入的样品表层损伤，获得平整光滑的样品表面。

可以用砂轮或砂纸磨光。

④ 抛光。抛光的目的是去除细磨痕以获得无瑕疵的镜面，并去除变形层，得以观察样品的显微组织。常用的方法有机械抛光、电解抛光和化学抛光等。

⑤ 浸蚀。抛光后的样品表面是平整的镜面，在显微镜下看不到微观组织，只能看到孔洞、裂纹、非金属夹杂物等。必须采用恰当的浸蚀方法，使不同组织、不同位向晶粒以及晶粒内部与晶界处受到不同程度的浸蚀，形成差别，从而清晰地显示出材料的内部组织。浸蚀方法包括化学浸蚀、电解浸蚀和一些物理蚀刻方法。

3. 光学显微分析在材料研究中的应用

光学显微分析是材料显微结构分析的一种重要手段，较之其他分析手段更为直观、形象。在新材料研究中，尤其是无机材料领域的研究中，光学显微分析技术在材料制备、加工和分析鉴定等方面具有重要的应用价值。

(1) 透射光显微镜在材料科学中的应用

透射光显微镜在新材料研究和工业生产等领域具有广泛的应用价值，而偏光显微镜则是用于晶体光学鉴定的最常用的一种透射光学显微镜。结晶相是材料的一个重要组成部分，大部分的无机材料都包含有各种晶相，这些晶相的种类、生长环境和形貌等性质对材料的结构及性能等具有重要影响。利用偏光显微镜可以对晶相的上述特征进行鉴定和分析。图 11-3 为岩石的偏光显微图。

图 11-3　岩石的偏光显微图

(2) 反光显微镜在材料科学中的应用

反光显微镜也是材料科学研究中的一种重要手段，在金属材料、无机非金属材料的研究和生产中有着广泛的应用。

利用光学显微镜可以观察金属材料的内部组织(即金相组织结构)，研究金属的宏观性能与金相组织形态的密切关系，金相显微镜成为金相研究的主要工具。利用它可以观察金属的微观组织结构，检验金属产品的冶炼和轧制质量，观察夹杂物质量。在水泥工业生产中利用显微光学分析的方法可以对水泥熟料和原料进行鉴定分析，研究水泥熟料中的矿物组成和显微结构，了解熟料形成过程和水化机理，帮助解决生产过程中可能出现的各种问题。图 11-4 为低碳钢铁素体的金相显微图。

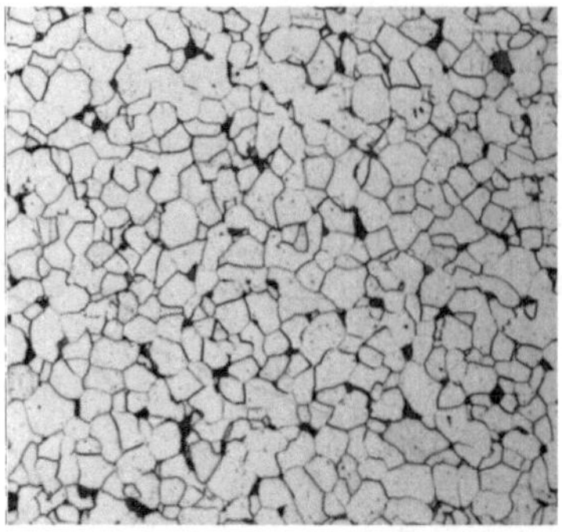

图 11-4 低碳钢铁素体的金相显微图

二、扫描电子显微镜

光学显微镜虽可以直接观察大块试样，但分辨本领、放大倍数都比较低；透射电子显微镜分辨本领、放大倍数虽高，但对样品的厚度要求却十分苛刻，因此在一定程度上限制了它们的应用。扫描电子显微镜的成像原理与光学显微镜或透射电子显微镜不同，不用透镜放大成像，而是以类似电视或摄像的成像方式，用聚焦电子束在样品表面扫描时激发产生的某些物理信号来调制成像。

1. 扫描电子显微镜结构及工作原理

扫描电子显微镜是一种介于透射电子显微镜和光学显微镜之间的观察手段，是利用聚焦的很窄的高能电子束来扫描样品，对样品表面形态进行测试的一种大型仪器。图 11-5 为扫描电子显微镜结构原理图。由图可以看出，从电子枪发射出来的电子束，受到阴阳极之间加速电压的作用，射向镜筒。经过聚光镜和物镜聚焦后，形成一个具有一定能量、强度和斑点直径的入射电子束。在物镜上部扫描线圈产生的磁场作用下，入射电子束在样品表面做光栅式扫描。由于入射电子与样品之间的相互作用，从样品中激发出的各种电子信息经各类信号探测器接收和处理后成像。

由于采用精确聚焦的电子束作为探针和独特的工作原理，因而扫描电子显微镜表现出如下独特的优势：

① 高的分辨率。由于采用精确聚焦的电子束作为探针和独特的工作原理，扫描电子显微镜具有比光学显微镜高得多的分辨率。近些年来，由于超高真空技术的发展，场发射电子枪的应用得到普及，使扫描电子显微镜的分辨本领获得较显著的提高，现代先进的扫描电子显微镜的分辨率已经达到 1 nm 左右。

② 有较高的放大倍数，20～20 万倍之间连续可调。

③ 有很大的景深，视野大，成像富有立体感，可直接观察各种试样凹凸不平的表面细微结构。

④ 配有 X 射线能谱仪装置，可以同时进行显微组织形貌的观察和微区成分分析。低加速电压、低真空、环境扫描电镜和电子背散射花样分析仪相继商品化，这大大提高了扫描电镜的综合、在线分析的功能。

⑤ 试样制备简单。

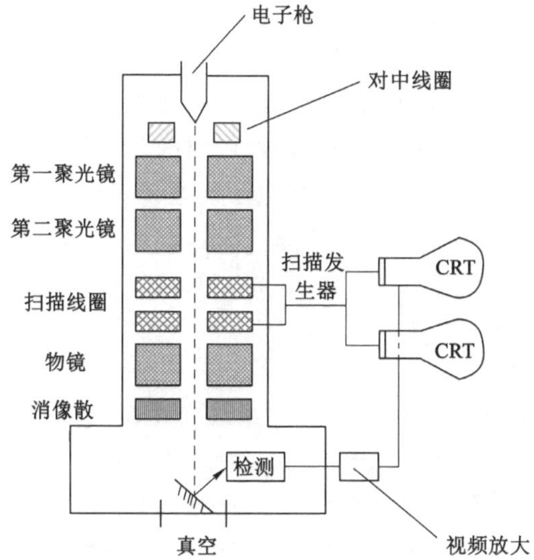

图 11-5　扫描电子显微镜结构原理图

图 11-6 所示为多孔硅样品在光学显微镜和扫描电子显微镜下所成的图像。二者相比，光学显微镜的图像景深很小，只能看清硅柱在某一高度附近的形貌，成像质量很差；但扫描电子显微镜的图像景深很大，多孔硅柱的不同高度都能成清晰的像，而且分辨率很高，因此可以得到完整的多孔硅的形貌图像。

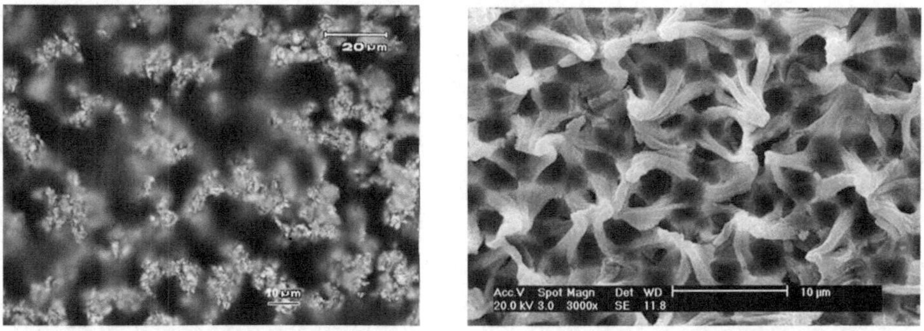

(a) 光学显微镜图像　　(b) 扫描电子显微镜图像

图 11-6　多孔硅样品的两种图像比较

2. 扫描电子显微镜的样品制备

扫描电子显微镜的样品制备一般是非常方便的，只要样品尺寸适合，就可以直接放到仪器中去观察。样品直径和厚度一般从几毫米至几厘米，视样品的性质和电镜的样品室空间而定。对于绝缘体或导电性差的材料来说，则需要预先在分析表面上蒸镀一层厚度为 10～20 nm 的导电层。否则，在电子束照射到该样品时，会形成电子堆积，阻挡入射电子束进入和样品内电子射出样品表面。导电层一般是二次电子发射系数比较高的金、银、碳和铝等真空蒸镀层，对在真空中有失水、放气、收缩变形等现象的样品以及在对生物样品或有机样品进行观察时，为了获得具有良好衬度的图像，均需适当处理。

3. 扫描电子显微镜的应用

新式的扫描电子显微镜的分辨率可以达到 1 nm；放大倍数可以达到 30 万倍及以上且连续可调；景深大，视野大，成像立体效果好，在岩土、石墨、陶瓷及纳米材料等的研究上有广泛应用。其提供的信息主要有材料的几何形貌、粉体的分散状态、纳米颗粒大小及分布以及特定形貌区域的元素组成和物相结构。扫描电子显微镜对样品的要求比较低，无论是粉体样品还是大块样品，均可以直接进行形貌观察，尤其适合于观察比较粗糙的表面，如材料断口和显微组织三维形态。此外，扫描电子显微镜和其他分析仪器相结合，可以做到观察微观形貌的同时进行物质微区成分分析。

（1）观察纳米材料

所谓纳米材料，就是指组成材料的颗粒或微晶尺寸在 0.1～100 nm 范围内，在保持表面洁净的条件下加压成型而得到的固体材料。纳米材料具有许多与晶态、非晶态不同的、独特的物理化学性质。纳米材料有着广阔的发展前景，将成为未来材料研究的重点方向。扫描电子显微镜的一个重要特点就是具有很高的分辨率，现已广泛用于观察纳米材料。图 11-7 所示为 $Cu(OH)_2$ 纳米线形貌。

（2）进行材料断口的分析

扫描电子显微镜的另一个重要特点是景深大，图像富有立体感。扫描电子显微镜的焦深比透射电子显微镜大 10 倍，比光学显微镜大几百倍。由于图像景深大，故所得扫描电子图像富有立体感，具有三维形态，能够提供比其他显微镜多得多的信息，这个特点对使用者很有价值。扫描电子显微镜所显示的断口形貌从深层次、高景深的角度呈现材料断裂的本质，在教学、科研和生产中具有不可替代的作用，在材料断裂原因的分析、事故原因的分析以及工艺合理性的判定等方面是一个强有力的手段。图 11-8 所示为钢断口形貌。

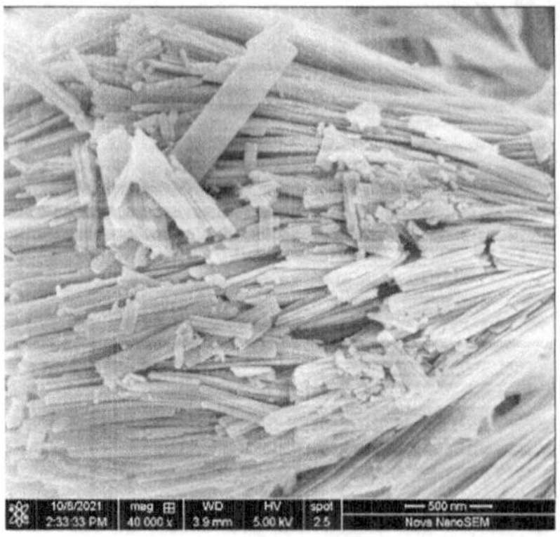

图 11-7　$Cu(OH)_2$ 纳米线形貌

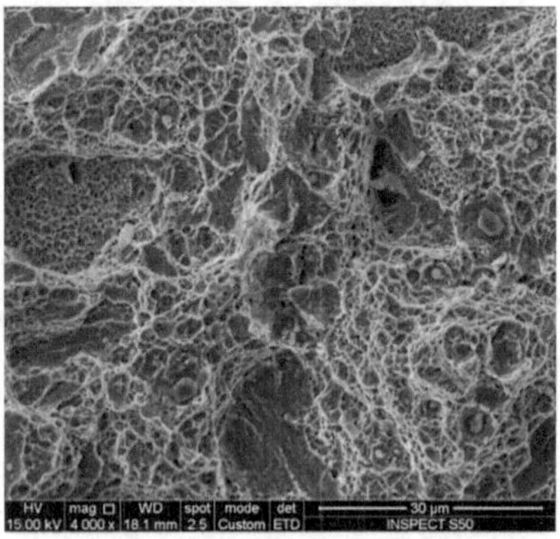

图 11-8　钢断口形貌

（3）直接观察大试样的原始表面

扫描电子显微镜能够直接观察直径 100 mm、高 50 mm，或更大尺寸的试样，对试样的形状没有任何限制，粗糙的表面也能观察，这便免除了制备样品的麻烦，而且能真实观察试样本身物质成分不同的衬度（背反射电子像）。

（4）观察厚试样

扫描电子显微镜在观察厚试样时，能得到高的分辨率和最真实的形貌。扫描电子显微镜的分辨率介于光学显微镜和透射电子显微镜之间。但在对厚块试样进行观察比较时，因为在透射电子显微镜中还要采用覆膜方法，而覆膜的分辨率通常只能达到 10 nm，且观察的不是试样本身，因此，用扫描电子显微镜观察厚块试样更有利，更能得到真实的试样表面资料。

(5) 观察试样各个区域的细节

试样在样品室中可动的范围非常大。其他方式显微镜的工作距离通常只有 2～3 cm，故实际上只许试样在两度空间内运动。但在扫描电子显微镜中则不同，由于工作距离大(＞20 mm)，焦深大(比透射电子显微镜大 10 倍)，样品室的空间也大，因此，可以让试样在三度空间内有 6 个自由度运动(即三度空间平移、三度空间旋转)，且可动范围大，这对观察不规则形状试样的各个区域细节带来极大的方便。

三、透射电镜

透射电镜，即透射电子显微镜，通常称作电子显微镜或电镜，是使用最为广泛的一类电镜。透射电镜是一种高分辨率、高放大倍数的显微镜，是材料科学研究的重要手段，能提供极微细材料的组织结构、晶体结构和化学成分等方面的信息。它具有较高分辨本领和放大倍数，是观察和研究物质微观结构的重要工具。

1. 透射电镜构造原理

透射电镜是以波长极短的电子束作为照明源，用电子透镜聚焦成像的一种高分辨本领、高放大倍数的电子光学仪器，主要由电子光学系统、电源系统、真空系统和操作控制系统四部分组成。一般由电子枪、聚光镜、物镜、中间镜、投影镜、样品室和荧光屏组成透射电镜的电子光学系统，通常称为镜筒。图 11-9 为透射电镜的构造原理和光路图。以此图为例，叙述透射电镜的工作原理。

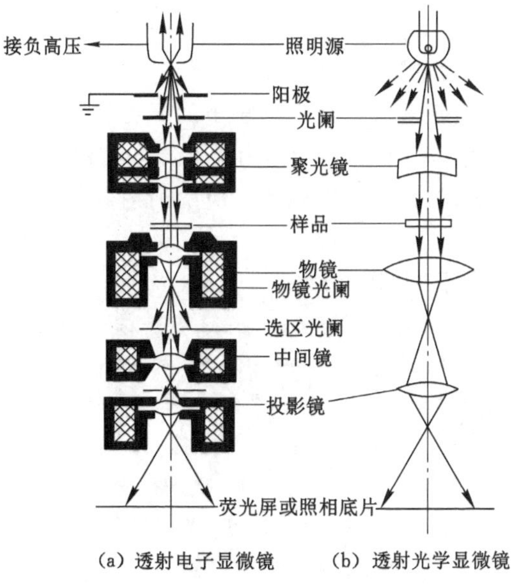

图 11-9　透射显微镜构造原理和光路

透射电镜，通常采用热阴极电子枪来获得电子束作为照明源。热阴极发射的电子，在阳极加速电压的作用下高速穿过阳极孔，然后被聚光镜会聚成具有一定直径的束斑照到样品上。这种具有一定能量的电子束与样品发生作用，产生反映样品微区的厚度、平均原子序数、晶体结构或位向差别等多种信息。

2. 透射电镜样品制备

能否充分发挥透射电镜的作用，样品的制备是关键的一环。在透射电镜中，电子束是透过样品成像的，而电子束的穿透能力不大，这就要求将试样制成很薄的薄膜样品。电子束穿透固体样品的能力，主要取决于加速电压（或电子能量）和样品物质的原子序数。一般来说，加速电压越高，样品原子序数越低，电子束可以穿透的样品厚度就越大。对于透射电镜常用的 50～100 kV 电子束来说，样品的厚度控制在 50～200 nm 为宜。这样薄的样品需用铜网承载，装入样品台中，再放入透射电镜的样品室中才可进行观察。图 11-10 为样品铜网示意图。

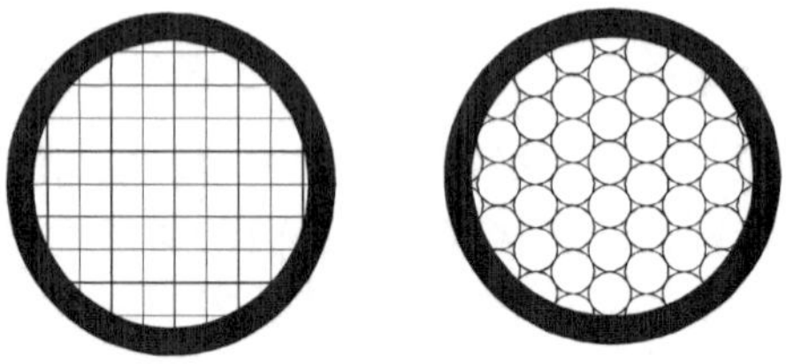

(a) 方孔　　(b) 圆孔

图 11-10　样品铜网放大像

3. 透射电镜的应用

透射电镜具有很高的空间分辨能力，比较适合纳米粉体样品的形貌分析，但颗粒大小应小于 300 nm，否则电子束就不能透过了。对块体样品的分析，透射电镜一般需要对样品进行减薄处理。

透射电镜可用于观测微粒的尺寸、形态、粒径大小、分布状况、粒径分布范围等，并用统计平均方法计算粒径，一般电镜观察的是产物粒子的颗粒度而不是晶粒度。高分辨电子显微镜（HRTEM）可直接观察微晶结构，尤其是为界面原子结构分析提供了有效手段，它可以观察到微小颗粒的固体外观，根据晶体形貌和相应的衍射花样、高分辨像，可以研究晶体的生长方向。

图 11-11 为碳化硅的透射电镜图像。

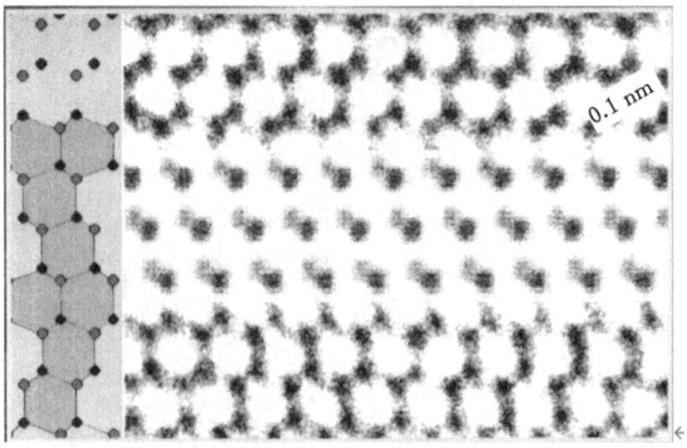

图 11-11　碳化硅的透射电镜图像

第三节　物相结构分析

在材料科学领域，相是指具有特定结构和性能的物质状态。材料中原子的排列方式决定了晶体的相结构，原子排列方式的变化导致了相结构的变化。材料的物理、化学性能与材料中相组成有直接的对应关系。

材料的相结构对于性能起着决定性作用，理解材料的物相结构是全面理解某种材料的一个重要方面。物相分析尤其是对于研究材料的相结构与性能的关系和研究相变过程具有重要的意义。

物相分析是指利用衍射分析的方法探测晶格类型和晶胞常数，确定物质的相结构。物相分析不仅包括对材料物相的定性分析，还包括定量分析和各种不同的物相在组织中的分布情况。

主要的物相分析手段有三种：X 射线衍射、电子衍射及中子衍射。其共同的原理是：利用电磁波或运动电子束、中子束等与材料内部规则排列的原子作用产生相干散射，获得材料内部原子排列的信息，从而重组出物质的结构。本书重点介绍 X 射线衍射。

一、X 射线衍射

1895 年，著名的德国物理学家伦琴首次发现 X 射线。1912 年，德国物理学家劳厄等发现了 X 射线在晶体中的衍射现象，证实了 X 射线是一种电磁波。同年，英国物理学家布拉格父子利用 X 射线衍射测定了 NaCl 晶体结构，开创了 X 射线晶体结构分析的历史。自此用 X 射线衍射方法不但确定了众多无机和有机晶体结构，而且为材料研究提供了许多测试分析方法。

X 射线本质和无线电波、可见光、γ 射线等一样，属于电磁波或电磁辐射。波长较可见光短，与晶体的晶格常数是同一数量级，在 $10^{-12}\sim10^{-8}$ m 左右，介于紫外线和 γ 射线之间，但没有明显的分界线。常见的各种电磁波的波长和频率如图 11-12 所示。

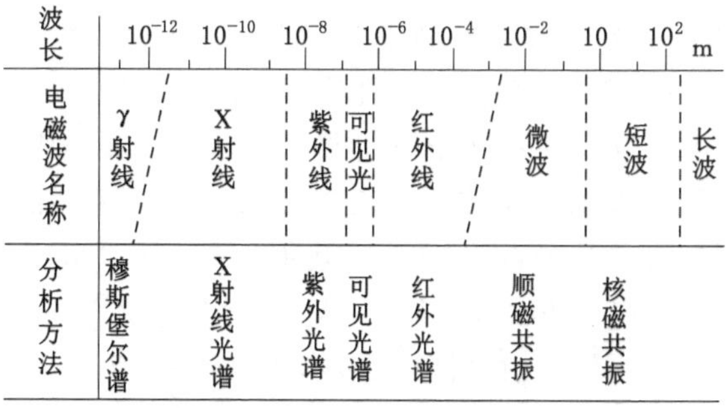

图 11-12　电磁波谱及其在分析技术中的应用

X 射线与可见光一样会产生干涉、衍射、吸收和光电效应等现象。但由于波长相差较大，也有截然不同的性质：① X 射线在光洁的固体表面不会发生像可见光那样的反射，因而不易用镜面把它聚焦和变向；② X 射线在物质分界面上只发生微小的折射，折射率稍小于 1，故可认为 X 射线穿透物质时沿直线传播，因此不能用透镜来加以会聚和发散；③ X 射线波长与晶体中原子间距相当，故在穿过晶体时会发生衍射现象，而可见光的波长远大于晶体中原子间距，故通过晶体时不会产生衍射，因而只可用 X 射线研究晶体内部结构。

用 X 射线照射晶体，晶体中电子受迫振动产生相干散射，同一原子内各电子散射波相互干涉形成原子散射波，各原子散射波相互干涉，在某些方向上一致加强，即形成了晶体的衍射线，衍射线的方向和强度反映了材料内部的晶体结构和相组成。图 11-13 为某物质的 X 射线衍射谱图。X 射线衍射分析物相较为简便快捷，适用于多相体系的综合分析，也能对尺寸在微米量级的单颗晶体材料进行结构分析。

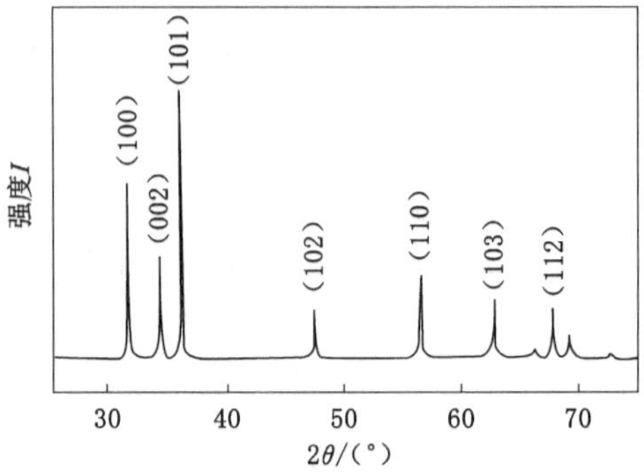

图 11-13　X 射线衍射谱图

X 射线衍射技术是利用 X 射线在晶体、非晶体中衍射与散射效应进行物相的定性和定量分析、结构类型和不完整性分析的技术。

二、X 射线衍射物相分析方法

1. 定性分析原理

物相定性分析的目的是检测固体样品中的相组成。X 射线衍射线的位置决定于晶胞参数(晶胞形状和大小)，也即决定于各晶面面间距，而衍射线的相对强度则决定于晶胞内原子的种类、数目及排列方式。每种晶态物质都有其特有的晶体结构，不是前者有异，就是后者有别，因而 X 射线在某种晶体上的衍射必然反映出带有晶体特征的特定的衍射花样。光具有一个特性，即两个光源发出的光互不干扰，所以对于含有 n 种物质的混合物或含有 n 相的多相物质，各个相的各自衍射花样互不干扰而是机械地叠加，即当材料中包含多种晶态物质时，它们的衍射谱同时出现，不互相干涉(各衍射线位置及相对强度不变)，只是简单叠加。于是在衍射谱图中发现和某种结晶物质相同的衍射花样，就可以断定试样中包含这种结晶物质，这就如同通过指纹进行人的识别一样，自然界中没有衍射谱图完全一样的物质。

2. 定量分析原理

X 射线物相定量分析的任务是根据混合相试样中各相物质的衍射线的强度来确定各相物质的相对含量。由衍射线强度理论可知，多相混合物中某一相的衍射强度随该相的相对含量的增加而增加。但由于试样的吸收等因素的影响，一般说来某相的衍射线强度与其相对含量并不呈线性的正比关系，而是曲线关系，如图 11-14 所示。

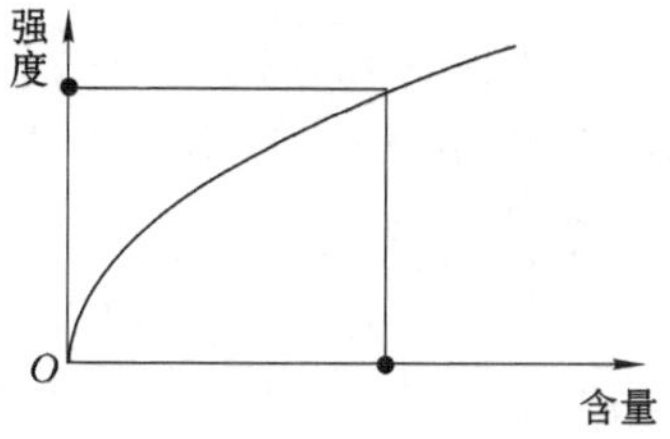

图 11-14　定标曲线

如果我们用实验测量或理论分析等方法确定了该关系曲线，就可从实验测得的强度算出该相的含量，这是定量分析的理论依据。

X 射线衍射分析方法具有用量少、对样品的非破坏性、大面积的平均性、对结构和缺陷的灵敏性等特性，使得 X 射线衍射分析方法的应用范围不断拓展，广泛应用于物理学、化学、分子物理学、医学、药学、金属学、材料学、高分子科学、工程技术学、地质学、矿物学等学科领域。

第四节　成分和价键分析

在材料科学与工程领域内，常常需要对各种样品进行化学成分的分析。大部分成分和价键分析手段都是基于同一个原理，即核外电子的能级分布反映了原子的特征信息。利用不同的入射波激发核外电子，使之发生层间跃迁，在此过程中产生元素的特征信息。按照出射信号的不同，成分分析手段可以分为两类：X 光谱和电子能谱，出射信号分别是 X 射线和电子。X 光谱包括 X 射线荧光光谱（XFS）和电子探针 X 射线显微分析（EPMA）两种技术，而电子能谱包括 X 射线光电子能谱（XPS）、俄歇电子能谱（AES）、电子能量损失谱（EELS）等分析手段。

一、X 射线光谱分析

当用 X 射线、高速电子或其他高能粒子轰击样品时，试样中各元素的原子若受到激发，将处于高能量状态，当它们向低能量状态转变时，产生特征 X 射线。将产生的特征 X 射线按波长或能量展开，所得谱图即为波谱或能谱，从谱图中可辨认元素的特征谱线，并测得它们的强度，据此进行材料的成分分析，这就是 X 射线光谱分析。

用于探测样品受激产生的特征 X 射线的波长和强度的设备，称为 X 射线谱仪。常用的 X 射线谱仪有两种：一种是利用特征 X 射线的波长不同来展谱，实现对不同波长 X 射线检测的波长色散谱仪，简称波谱仪（Wave Dispersive Spectrometer，WDS）；另一种是利用特征 X 射线能量不同来展谱，实现对不同能量 X 射线分别检测的能量色散谱仪，简称能谱仪（Energy Dispersive Spectrometer，EDS）。就 X 射线的本质而言，波谱和能谱是一样的，不同的仅仅是横坐标按波长标注还是按能量标注。

任何能谱仪或波谱仪并不能独立地工作，它们均需要一个产生和聚焦电子束的装置，现代扫描电镜和透射电镜通常将能谱仪或波谱仪作为常规附件，能谱仪或波谱仪借助电子显微镜电子枪的电子束工作。但也有专门利用能谱仪或波谱仪进行成分分析的仪器，它使用微小的电子束轰击样品，激发出样品中所含元素的特征 X 射线，通过分析特征 X 射线的能量（或波长）以确定样品中元素的种类，分析特征 X 射线的强度则可确定对应元素相对含量，所以称这种仪器为电子探针 X 射线显微分析仪，简称电子探针仪（EPMA）。

目前，电子探针分析技术已广泛用于所有固体物质的研究工作，尤其在材料研究工作方面，如金属材料的成分和夹杂物相的鉴定；陶瓷、混凝土、生物、矿物等固相材料的结构和成分分析；金银饰品、宝石首饰、文物的鉴别以及刑侦鉴定等领域。鉴于能谱仪使用的便捷性和广泛性，本节主要介绍能谱仪的原理及其应用。

1. 能谱仪的结构和工作原理

每种元素都有自己特定波长的 X 射线，其特征波长的大小取决于能级跃迁过程中释放出的特征能量 ΔE。能谱仪就是利用不同元素 X 射线光子的特征能量不同这一特点来进行成分分析的。当入射电子激发样品原子的内层电子，使原子处于能量较高的电离或激发态，此时外层电子将向内层跃迁以填补内层电子的空缺，从而释放出具有特征能量的 X 射线。若电子束与样品表层的作用体积内含有多种元素，则可激发出各相应元素的特征 X 射线。用 X 射线探测器检测特征 X 射线能量，就可判定该微区中所存在的相应元素。

能谱仪主要由 Si(Li)半导体探测器、多道脉冲高度分析器以及脉冲放大整形器和记录显示系统组成，如图 11-15 所示。电子束激发的样品表层所含元素的特征 X 射线光子进入 Si(Li)半导体探测器，将 X 射线转换成电信号，产生电脉冲，经放大器转换成电压脉冲，脉冲高度与被吸收的光子能量成正比。被放大了的电压脉冲输至多道脉冲高度分析器。多道脉冲高度分析器是许多个单道脉冲高度分析器的组合，一个单道分析器叫作一个通道。由放大器来的电压脉冲按其脉冲高度分别进入相应的通道而被储存起来。每进入一个时钟脉冲，存储单元记录一个光子数，因此通道地址和 X 光子能量成正比，而通道的计数则为 X 光子数，记录一段时间后，每一通道内的脉冲数就可迅速记录下来，最后得到以通道（能量）为横坐标、通道记数（强度）为纵坐标的 X 射线能量色散谱（图 11-16）。

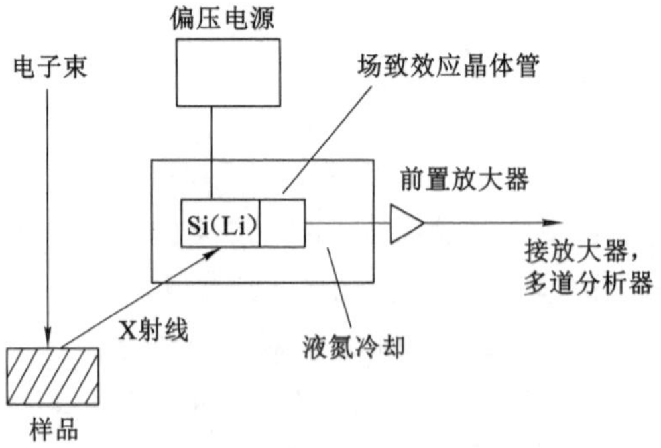

图 11-15　能谱仪结构

2. 能谱仪的分析特点

能谱仪所分析的元素范围一般从硼（B）到铀（U）。氢和氦原子只有 K 层电子，不能产

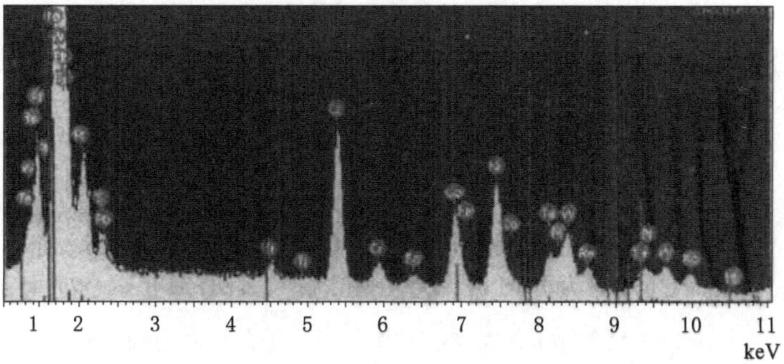

图 11-16　X 射线能量色散谱

生特征 X 射线。锂(Li)虽然能产生 X 射线，但产生的特征 X 射线波长太长，无法进行检测。目前，能谱仪等电子探针是微区元素定量分析最准确的仪器，特定分析条件下，能检测到元素或化合物的最小量一般为 0.01%～0.05%。不同测量条件和不同元素有不同的检测极限，但由于所分析的体积小，检测的绝对量极限值为 10～14 g，主元素定量分析的相对误差为 1%～3%。对原子序数大于 11 的元素，含量在 10%以上时，其相对误差通常小于 2%。

3. 能谱仪的分析模式及应用

(1) 以点、线、微区、面的方式测定样品的成分和平均含量

被分析的选区尺寸可以小到 1 μm，用电镜直接观察样品表面，用电镜的电子束扫描控制功能，选定待分析点、微区或较大的区域，采集 X 射线能谱，可对谱图进行定性定量分析。定点微区成分分析是扫描电镜成分分析的特色工作，它在合金沉淀相和夹杂物的鉴定方面有着广泛的应用。此外，在合金相图研究中，为确定各种成分的合金在不同温度下的相界位置提供了迅速而又方便的测试手段，并能探知某些新的合金相或化合物。图 11-17 所示为某物质的定点能谱定性成分分析。

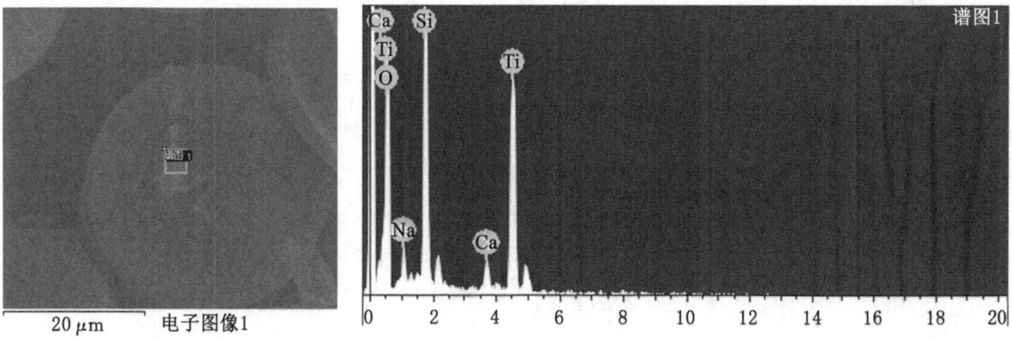

图 11-17　能谱定性成分分析

(2) 测定样品在某一线长度上的元素分布分析模式

当电子束在试样上沿一条直线缓慢扫描时，记录被选定元素的 X 射线强度(它与元素的浓度成正比)分布，就可以获得该元素的线分布曲线。入射电子束在样品表面沿选定的直线轨迹(穿越粒子或界面)扫描，可以方便地取得有关元素分布不均匀性的资料，比如测定元素在材料内部相区或界面上的富集或贫化。

(3) 测定元素在样品指定区域内的面分布分析模式

与线分析模式相同,当电子束在试样表面的某区域做光栅扫描时,记录选定元素的特征X射线的计数率,计数率与显示器上亮点的密度成正比,则亮点的分布与该元素的面分布相对应。

二、X射线光电子能谱

X射线光电子能谱(X-ray Photoelectron Spectroscopy,XPS)是以X射线作为激发源,将样品表面原子中不同能级的电子激发成自由电子,收集这些带有样品表面信息并具有特征能量的电子,研究它们的能量分布,从而获得所需的信息。

1. X射线光电子谱仪

图11-18为X射线能谱仪的基本组成示意图。从图中可知,实验过程大致如下:将制备好的样品引入样品室时,用一束单色的X射线激发。只要光子的能量大于原子、分子或固体中某原子轨道电子的结合能 E_B,便能将电子激发而离开,得到具有一定动能的光电子。光电子进入能量分析器,利用分析器的色散作用,可测得其按能量高低的数量分布。由分析器出来的光电子经倍增器进行信号的放大,再以适当的方式显示、记录,得到XPS谱图。

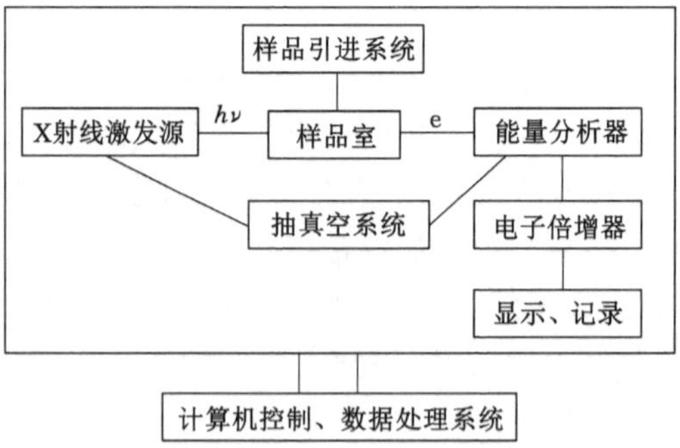

图11-18 X射线能谱仪的基本组成

2. X射线光电子谱仪谱图

图11-19为金属铝样品表面测得的一张XPS谱图。图的横坐标是光量子动能或轨道电子结合能(eV),这表明每条谱线的位置和相应元素原子内层电子的结合能有一一对应的关系。谱图的纵坐标表示单位时间内检测到的光电子数。在相同激发源及谱仪接收条件下,考虑到各元素光电效应截面(电离截面)的差异后,表面所含某种元素越多,光电子信号越强。在理想情况下,每个谱峰所属面积的大小应是表面所含元素丰度的度量,是进行定量分析的依据。

3. X射线光电子能谱的应用

随着微电子技术的发展,XPS也在不断完善,目前已开发出的小面积X射线光电子能谱大大提高了XPS的空间分辨能力。通过对样品进行全扫描,在一次测定中即可检测出全部或大部分元素。因此,XPS已发展成为具有表面元素分析、化学态和能带结构分析以及微区化学态成像分析等功能强大的表面分析仪器。

XPS作为研究材料表面和界面电子及原子结构的最重要手段之一,原则上可以测定元素周期表上除氢、氦以外的所有元素。另外,X光电子能谱还可以对同一种元素不同价态的

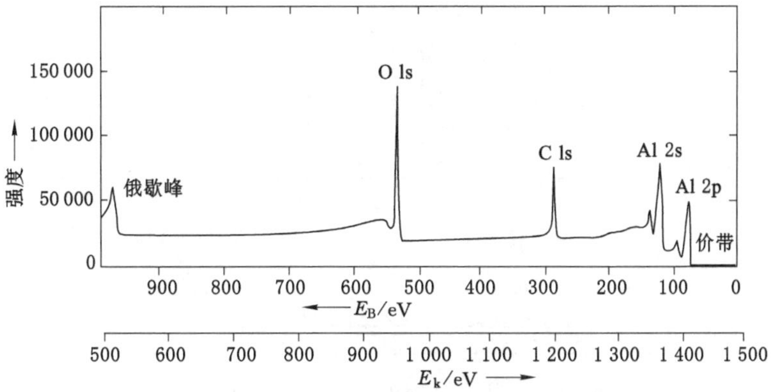

图 11-19　金属铝的 XPS 谱图

成分进行定量分析。在对固体表面的研究方面，X 光电子能谱可用于对无机表面组成的测定、有机表面组成的测定、固体表面能带的测定及多相催化的研究。它还可以直接研究化合物的化学键和电荷分布，为直接研究固体表面相中的结构问题开辟了有效途径。由于 X 光电子能谱功能比较强，表面(约 5 nm)灵敏度又较高，所以它目前被广泛地用于冶金和材料科学领域。

第五节　分子结构分析

当电磁波照射物质时，所有的原子和分子均能吸收电磁波，且对吸收的波长有选择性。这主要是因为分子的能量具有量子化的特征：分子像原子一样，其能量是分裂的、不连续的，有其特征的分子能级图。在正常状态下，分子处于一定能级(即基态)，当分子吸收或发射电磁波时被光激发，分子的能级发生跃迁，产生吸收或发射光谱，随激发光能量的大小，其能级提高一级或数级，即分子由基态跃迁到激发态。也就是说，分子不能任意吸收各种能量，只能吸收相当于两个或几个能级之差的能量，即分子只吸收具有一定能量或其倍数的光子。通过分子内部运动，化合物吸收或发射光量子时产生的光谱称为分子光谱(图 11-20)。研究分子光谱是探究分子结构的重要手段之一，由光谱可以直接导出分子的各个分立的能级，还能够得到关于分子中电子的运动(电子结构)和原子核的振动与转动的详细信息。其基本原理是利用电磁波与分子键和原子核的作用获得分子结构信息。

分子光谱是分子内部运动状态的反映，与分子的能级密切相关。分子内的运动有分子间的平动、转动，原子间的相对振动，电子跃迁，核的自旋跃迁等形式。每种运动都有一定的能级。除了平动以外，其他运动的能级都是量子化的。从基态吸收特定能量的电磁波跃迁到高能级，可得到对应的分子光谱。

一、红外吸收光谱

红外吸收光谱(Infrared Spectroscopy，IR)是检测有机高分子材料组成与结构的最重要方法之一，同时可用来检测无机非金属材料及其与有机高分子形成的复合材料的组成与结构。近年来，随着光学及计算机技术的不断发展与应用，红外光谱在材料研究中的应用不断

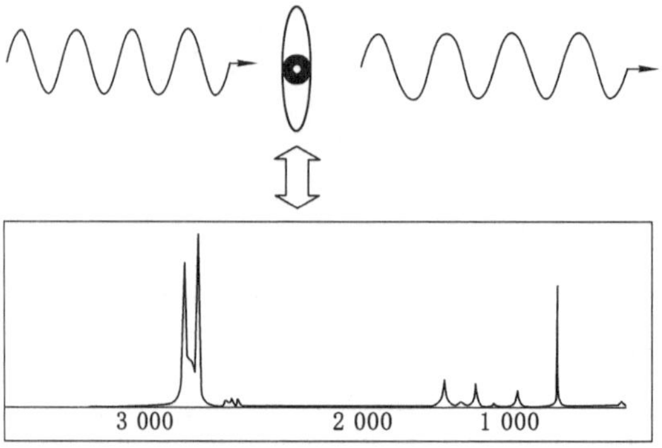

图 11-20　分子与光的作用及产生的光谱

扩展，已成为研究材料结构的重要手段。

1. 红外吸收光谱基本原理

红外吸收光谱是研究分子运动的吸收光谱。通常红外光谱是指波长为 2～25 μm 的吸收光谱，这段波长范围反映分子中原子间的振动和变角运动。分子在振动运动的同时还存在转动运动，转动运动影响到振动运动产生偶极矩的变化，因而在红外光谱区实际所测得的谱图是分子振动与转动运动的叠加表现，因此红外光谱又称为分子振转光谱。

红外光谱的产生来源于分子对入射光子能量的吸收而产生的振动能级的跃迁。最基本的原理是：当红外区辐射光子所具有的能量与分子振动跃迁所需的能量相当时，分子振动从基态跃迁至高能态，在振动时伴随有偶极矩的改变者就吸收红外光子，形成红外吸收光谱。

红外光谱法具有试样用量少、分析速度快、不破坏试样的特点，适用于固体、液体和气体等试样的分析。几乎所有的有机和无机化合物在红外光谱均有吸收，且结构不同的两个化合物，红外光谱图一定不同，这使得该方法在有机化合物结构鉴定方面特别有用。

2. 红外光谱图

当试样受到频率连续变化的红外光照射时，分子吸收某些频率的辐射，产生分子振动能级和转动能级从基态到激发态的跃迁，使相应于这些吸收区域的透射光强度减弱。记录红外光的透射比与波数或波长关系曲线，就得到红外光谱。红外光谱图通常以红外光通过样品的透射比（T）或吸光度（A）为纵坐标，以红外光的波数（σ）为横坐标。

对于分子振动来说，照射光的频率（ν）是一个很大的数值，使用很不方便，因此使用一个更方便的单位波数（σ）来表示光的能量，波数与波长互为倒数。

图 11-21 所示为壳聚糖-四氧化三铁的红外光图谱。在 3 600～3 100 cm^{-1} 区间内宽吸收峰为羟基 O—H 的伸缩振动；2 919 cm^{-1} 和 2 846 cm^{-1} 出现的峰分别是壳聚糖内 CH_2 的非对称和对称伸缩振动；1 657 cm^{-1} 出现的峰可以与水分子耦合；1 561 cm^{-1} 出现的峰对应—NH_2 的变形振动；1 415 cm^{-1} 和 1 310 cm^{-1} 出现的峰对应 C—H 的弯曲振动；1 310 cm^{-1} 出现的峰还对应 C—O—C 的非对称伸缩振动；CH—OH 中 C—O 伸缩振动导致的吸收峰在 1 080 cm^{-1} 处可以观察到；四氧化三铁的吸收峰在 581 cm^{-1} 处出现。

3. 红外吸收光谱谱图解析方法

（1）红外光谱定性分析

有机化合物的红外光谱具有鲜明的特征性，因为每一化合物都具有特异的红外吸收光

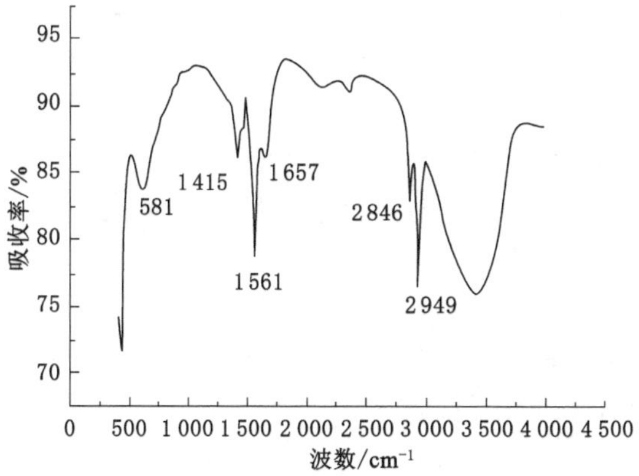

图 11-21　壳聚糖-四氧化三铁的红外光图谱

谱，其谱带的数目、位置、形状和强度均随化合物及其聚集态的不同而不同，因此根据化合物的光谱，就可以像辨别人的指纹一样，确定该化合物或其官能团是否在。

红外光谱定性分析，大致可分为官能团定性分析和结构分析两个方面。官能团定性分析是根据化合物的红外光谱的特征基团频率来检定物质含有哪些基团，从而确定有关化合物的类别。结构分析或结构剖析，则需要由化合物的红外光谱结合其他实验资料(如相对分子质量、物理常数、紫外光谱、核磁共振波谱等)来推断有关化合物的化学结构。

(2) 红外光谱定量分析

红外光谱定量分析是根据物质组分的吸收峰强度进行的。红外光谱的谱带较多，选择余地大，所以能方便地对单一组分或多组分进行定量分析。该法不受样品状态的限制，能定量测定气体、液体和固体样品。红外光谱法的灵敏度较低，不适用于微量组分的测定。

4. 红外光谱样品制备技术

在红外光谱实验中，试样的制备及处理占有重要的地位。如果试样处理不当，那么即使仪器的性能很好，也不能得到令人满意的红外光谱图。一般来说，在制备试样时应注意以下几点：

① 试样的浓度(厚度)应选择适当。浓度太小、厚度太薄，会使一些弱的吸收峰和光谱的细微部分不能显示出来；过大、过厚，又会使强的吸收峰超越标尺刻度而无法确定它的真实位置和强度。

② 试样中不应含有游离水。水分的存在不仅会侵蚀吸收池的盐窗，而且水本身在红外区有吸收，将使测得的光谱图变形。

③ 试样应该是单一组分的纯物质。多组分样品在测定前应先进行组分分离，否则各组分光谱相互重叠，谱图将无法进行正确的解释。

根据材料的组成及状态，可选用不同的制样技术。

(1) 直接采样法

有些透明的塑料薄膜虽然稍厚，但具有塑性，只需轻轻拉伸使之变薄后就可使用。厚度适当的透明薄膜可直接使用。

(2) 卤化物压片法

该方法是红外光谱常用的制样方法，适用于固体粉末样品。卤化物中最常用的是溴化钾。取少许粉末样品与100～200倍重量的溴化钾在玛瑙研钵中研磨成细粉，在压片机中加压制成一定直径和厚度的薄片，然后将此薄片放入仪器光束中进行测定。

(3) 薄膜法

对于熔点低，在熔融时又不分解、升华或发生其他化学反应的物质，可将它们直接加热熔融后涂制或压制成膜。但对于大多数可溶解的材料来说，可先将试样制成溶液，然后蒸干溶剂以形成薄膜。

(4) 液膜法

将高分子溶液在卤化物晶片上涂上薄薄一层液膜就可以进行测定。如果溶液黏度很小，可夹在两片卤化物晶片之间进行测定。

二、激光拉曼光谱

1. 拉曼散射及拉曼位移

拉曼光谱为散射光谱。当一束频率为 ν_0 的入射光照射到样品时，少部分入射光子与样品分子发生碰撞后向各个方向散射。如果碰撞过程中光子与分子不发生能量交换，即称为弹性碰撞，这种光散射为弹性散射，通常称之为瑞利散射；反之，如果入射光子与分子发生能量交换，散射则为非弹性散射，也即拉曼散射。在拉曼散射中，若光子把一部分能量给样品分子，使一部分处于基态的分子跃迁到激发态，则散射光能量减少，在垂直方向测量到的散射光中，可以检测到频率为($\nu_0-\Delta\nu$)的谱线，称为斯托克斯线；相反，若光子从样品激发态分子中获得能量，样品分子从激发态回到基态，则在大于入射光频率处可测得频率为($\nu_0+\Delta\nu$)的散射光线，称为反斯托克斯线。斯托克斯线及反斯托克斯线与入射光频率的差称为拉曼位移。拉曼位移的大小与分子的跃迁能级差一样，因此，对应于同一分子能级，斯托克斯线与反斯托克斯线的拉曼位移是相等的。但在正常情况下，大多数分子处于基态，测量得到的斯托克斯线强度比反斯托克斯线强得多，所以在一般拉曼光谱分析中都采用斯托克斯线研究拉曼位移。

2. 激光拉曼光谱与红外光谱的比较

(1) 物理过程不同

拉曼光谱与红外光谱一样，均能提供分子振动频率的信息，但它们的物理过程不同。拉曼效应为散射过程，而红外光谱是吸收光谱，对应的是与某一吸收频率能量相等的(红外)光子被分子吸收。

(2) 选择性定则不同

在红外光谱中，某种振动是否具有红外活性，取决于分子振动时偶极矩是否发生变化。一般极性分子及基团的振动引起偶极矩的变化，故通常是红外活性的。拉曼光谱则不同，一种分子振动是否具有拉曼活性取决于分子振动时极化率是否发生改变。所谓极化率，就是在电场作用下，分子中电子云变形的难易程度。

对于一般红外及拉曼光谱，具有以下几个经验规则：

① 互相排斥规则：凡有对称中心的分子，若有拉曼活性，则红外是非活性的；若有红外活性，则拉曼是非活性的。

② 互相允许规则：凡无对称中心的分子，除属于点群D5h、D2h和O的分子外，可既有拉曼活性又有红外活性。若分子无任何对称性，则它们的红外光谱与拉曼光谱就非常相似。

③ 互相禁止规则：少数分子的振动模式，既非拉曼活性，又非红外活性。如乙烯分子的弯曲，在红外和拉曼光谱中均观察不到振动谱带。

由这些规则可知，红外光谱与拉曼光谱是分子结构表征中互补的两种手段，两者结合可以较完整地获得分子振动能级跃迁的信息。

图 11-22 所示为线形聚乙烯的红外光谱与拉曼光谱。在红外光谱中，CH_2 振动为最显著的谱带，而在拉曼光谱中 C—C 振动有明显的散射峰。同样，在聚对苯二甲酸乙二酯(PET)的红外光谱中，最强谱带为 C ═ O 及 C—O 的对称伸缩振动和弯曲振动，而在拉曼光谱中最明显的是 C—C 伸缩振动峰。

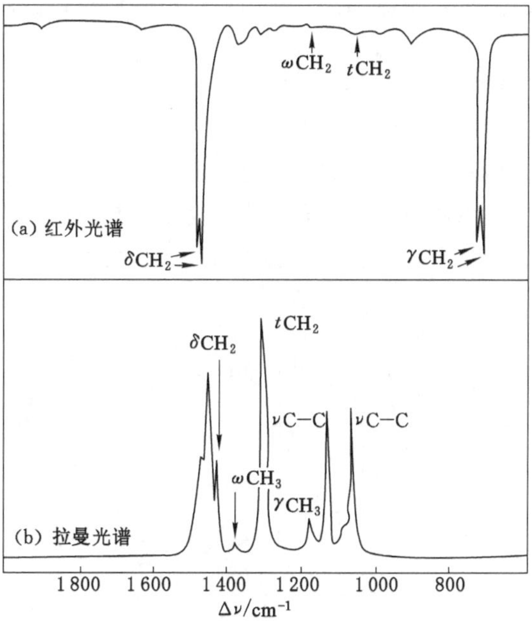

图 11-22　线形聚乙烯的红外光谱与拉曼光谱

第六节　热　分　析

物质在温度变化过程中，往往伴随着微观结构和宏观物理、化学性质的变化，宏观上的物理、化学性质的变化通常与物质的组成和微观结构相关联。通过测量和分析物质在加热和冷却过程中的物理、化学性质的变化，可以对物质进行定性、定量分析，以帮助我们进行物质的鉴定，为新材料的研究和开发提供热性能数据和结构信息。

热分析是指在程序控温和一定气氛下，测定试样的物理性质随温度或时间变化的一种技术，包括三方面要求：① 试样要承受程序温控的作用，即以一定的速率等速升温或降温，该试样包括原始试样和在测量过程中因化学变化而产生的中间产物和最终产物；② 选择可进行观测的物理量，如热学、光学、力学、电学及磁学等；③ 观测的物理量随温度而变化。

差热分析、差示扫描量热分析、热重分析和热机械分析是热分析的四大支柱，可用于测量和分析试样在温度变化过程中的物理变化(如晶型转变、相态转变及吸附等)、化学变化

(分解、氧化、还原、脱水反应等)及其力学特性的变化(模量等),通过这些变化的研究可以认识试样的内部结构,获得热力学和动力学数据,为进一步研究提供理论依据。

一、差热分析法

差热分析法(Differential Thermal Analysis,DTA)是把样品和参比物放置在相同温度条件下在程序控温下,测定样品和参比物的温度差随温度或时间变化的一种热分析方法。差热分析方法能够测定和记录物质在加热过程中发生的水解、失水、化学反应、相变、熔融和升华等一系列物理化学现象,通过差热分析方法可以判别物质的组成及反应机理。因此,这种方法被广泛用于无机硅酸盐、陶瓷、冶金、石油、高分子及建材等各个领域的工业生产和科学研究中。

1. 差热分析仪及原理

现代的差热分析仪一般采用集成电路等先进技术,采用示差热电偶测温,另一端记录并测定样品与参比物之间的温差,其基本结构如图 11-23 所示。在所测的温度范围内,参比物基本上不发生任何热效应,而样品在某温度区间内发生了热效应,释放或者吸收热量导致样品的温度高于或低于参比物,两者之间出现温度差,然后利用某种方法把温度差记录下来,就得到了差热曲线,再对曲线进行分析研究。

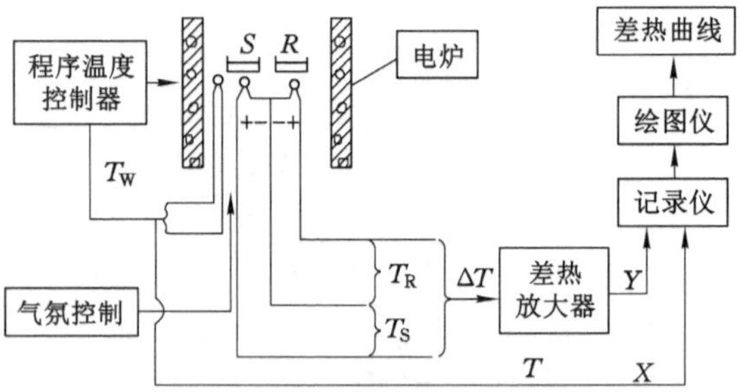

图 11-23 DTA 差热分析结构原理图

一般差热分析仪由加热炉、试样支撑-测量系统、参比物、信号放大系统、温度程序控制器以及记录仪等部件组成,其中加热炉、试样支撑-测量系统与参比物是主要部分。

(1) 加热炉

加热炉主要用于加热试样,根据其热源特性可分为红外加热炉、电热丝加热炉与高频感应加热炉等,其中最常用的是电热丝加热炉。

(2) 试样支撑-测量系统

试样支撑-测量系统主要由热电偶、试样容器、均热板与支撑杆等部件组成,是差热分析的核心。其中,热电偶具有测试温度和传输温差电动势的功能,是试样支撑-测量系统的核心部件。

(3) 参比物

在差热分析中,参比物一般为惰性材料,在测试温度范围内不发生热效应。另外参比物的比热容与热传导系数应与试样相近,常用的参比物有石英、α-Al_2O_3、不锈钢等。通常采用石英作为参比物,其测量温度应低于 570 ℃。测试金属试样时一般采用不锈钢、铜或金作为参比物，测试有机物时一般采用硅烷作为参比物。

2. 差热分析曲线

差热分析是将试样和参比物置于同一环境中以一定速率加热或冷却，将两者间的温度差对时间或温度进行记录的方法。从 DTA 获得的曲线数据，纵坐标代表温度差 ΔT，吸热过程显示一个向下的峰，放热过程显示一个向上的峰。图 11-24 为差热曲线示意图。

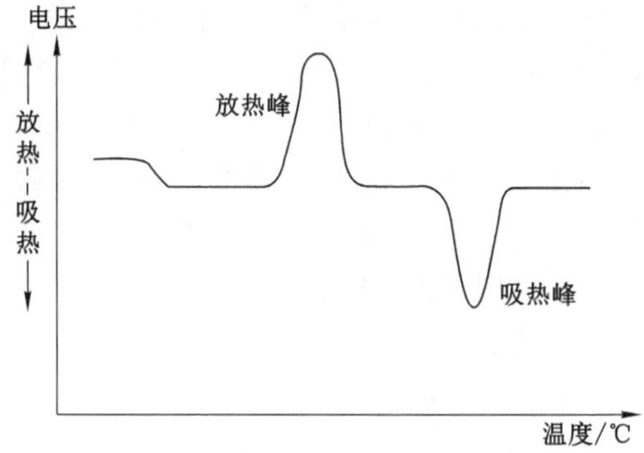

图 11-24　差热曲线

3. 差热分析方法的应用

凡是在加热(或冷却)过程中，因物理、化学变化而产生吸热或者放热效应的物质，均可以用差热分析法加以鉴定。其主要应用范围如下：

(1) 含水化合物

对于含吸附水、结晶水或者结构水的物质，在加热过程中失水时，发生吸热作用，在差热曲线上形成吸热峰。

(2) 高温下有气体放出的物质

一些化学物质，如碳酸盐、硫酸盐及硫化物等，在加热过程中由于 CO_2、SO_2 等气体的放出而产生吸热效应，在差热曲线上表现为吸热谷。不同类物质放出气体的温度不同，差热曲线的形态也不同，利用这种特征就可以对不同类物质进行区分鉴定。

(3) 矿物中含有变价元素

矿物中含有变价元素，在高温下发生氧化，由低价元素变为高价元素而放出热量，在差热曲线上表现为放热峰。变价元素不同以及在晶格结构中的情况不同，则因氧化而产生放热效应的温度也不同，如 Fe^{2+} 在 340～450 ℃变成 Fe^{3+}。

(4) 非晶态物质的重结晶

有些非晶态物质在加热过程中伴随有重结晶的现象发生，放出热量，在差热曲线上形成放热峰。此外，如果物质在加热过程中晶格结构被破坏，变为非晶态物质后发生晶格重构，则也形成放热峰。

(5) 晶型转变

有些物质在加热过程中由于晶型转变而吸收热量，在差热曲线上形成吸热谷。因而适合对金属或者合金、一些无机矿物进行分析鉴定。

二、差示扫描量热法

差示扫描量热法(Differential Scanning Calorimetry，DSC)指在程序控温下，保持试样

和参比物的温度差为零，测量单位时间内输入试样和参比物之间的功率差（如以热的形式）随温度变化的一种技术。在差热分析中，当试样发生热效应时，试样本身的升温速率是非线性的。以吸热反应为例，试样开始反应后的升温速率会大幅度落后于程序控制的升温速率；待反应结束时，试样升温速率又会高于程序控制的升温速率，逐渐跟上程序控制的温度，升温速率始终处于变化中。在发生热效应时，试样与参比物及试样周围环境有较大的温差，三者之间会进行热传递，从而降低了热效应测量的灵敏度和精确度。因此，到目前为止大部分差热分析技术还不能进行定量分析工作。差示扫描量热分析法就是为克服差热分析在定量测定上存在的不足而发展起来的一种新的热分析技术。该法对试样产生的热效应能及时得到应有的补偿，使得试样与参比物之间无温差、无热交换，在灵敏度和精度方面都大有提高，可进行热量的定量分析工作。DSC 可以测定多种热力学和动力学参数，如比热容、相图、转变热、反应热、反应速率等。该方法应用温度范围较广、分辨率较高、试样用量少，因此可以广泛应用于无机、有机材料分析中。

1. 差示扫描量热仪及原理

（1）功率补偿式 DSC

根据测量方法的不同，差示扫描量热仪可以分为功率补偿式和热流式两种。DSC 和 DTA 仪器装置相似，所不同的是在试样和参比物容器下装有两组补偿加热丝。图 11-25 为功率补偿式 DSC 原理示意图。

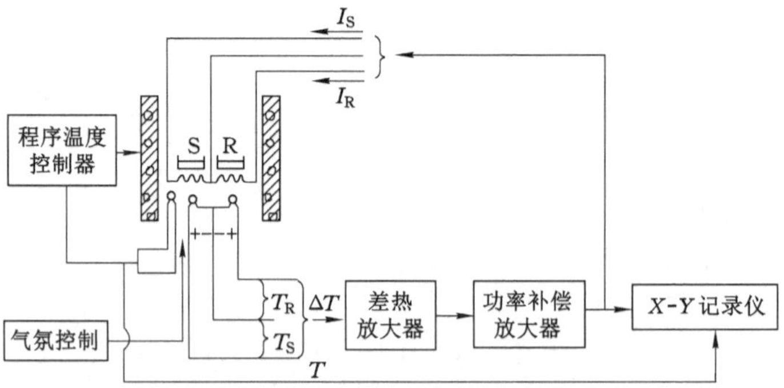

图 11-25　功率补偿式 DSC 原理示意图

试样与参比物容器下装有各自独立的传感器和补偿加热器（丝）。当试样在加热过程中由于热效应与参比物之间出现温差 ΔT 时，通过差热放大电路和差动热量补偿放大器，使流入补偿电热丝的电流发生变化，当试样吸热时，补偿放大器使试样一边的电流立即增大；反之，当试样放热时则使参比物一边的电流增大，直到两边热量平衡、温差 ΔT 消失为止。换句话说，试样在热反应时发生的热量变化，由于及时输入电功率而得到补偿，所以实际记录的是试样和参比物下面两只电热补偿的热功率之差随时间 t 的变化关系。如果升温速率恒定，记录的也就是热功率之差随温度 T 的变化关系。

（2）热流式 DSC

热流式 DSC 结构与 DTA 较为相似，如图 11-26 所示。

与 DTA 不同之处在于：试样与参比物托架下放置一个电热片（康铜），加热器在程序控制下对加热块加热，热量通过气氛和电热片两路径传递给试样和参比物，使之受热均匀。试

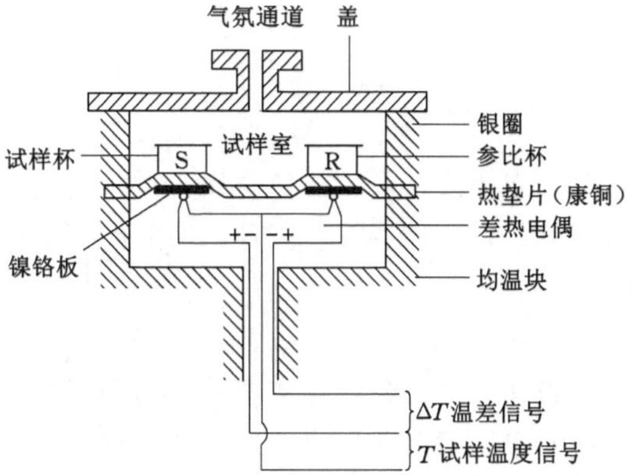

图 11-26　热流式 DSC 原理示意图

样和参比物的热流差和试样温度分别由差热电偶和试样热电偶测量。热流式 DSC 的原理虽然与 DTA 较为相似,但它可以定量测定热效应。这是由于该仪器在等速升温过程中,可自动改变差热放大器的放大倍数,一定程度上弥补了因温度变化对热效应测量所产生的影响。

2. 差示扫描量热曲线

图 11-27 所示为典型的差示扫描量热曲线(DSC 曲线),纵坐标为热流速率(dH/dt 或 dQ/dt),单位可以是 mW 或 mW/mg,后者与试样量无关,又称为热流量。横坐标为温度,有时采用时间代替温度,特别是做动力学研究或恒温测试时。由于各仪器所设定的吸热/放热方向不同,所以曲线上必须注明吸热和放热的方向。与差热分析一样,它也是基于物质在加热过程中发生物理、化学变化的同时伴随吸热、放热现象出现。因此,差示扫描量热曲线的形态外貌与差热曲线完全一样。

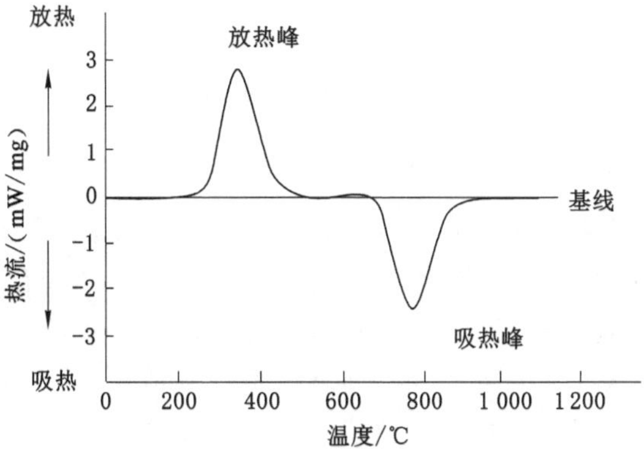

图 11-27　DSC 曲线

3. 差示扫描量热法的应用

DSC 测量的是材料内部与热转变相关的温度、热流的关系,应用范围非常广,特别是材料研发、性能检测与质量控制。研究物质的熔点、玻璃化转变温度(T_g)和相转变,聚合物组成分析，聚合、固化、交联、氧化、分解、降解等反应，结晶度、反应热以及结晶动力学、反应动力学等。

三、热重分析

许多物质在加热或冷却过程中除了产生热效应外，往往有质量变化，其变化的大小及出现的温度与物质的化学组成和结构密切相关。因此，利用在加热和冷却过程中物质质量变化的特点，可以区别和鉴定不同的物质。

热重分析法(Thermogravimetry，TG)，是在程序控制温度和一定气氛条件下测量物质的质量与温度或时间关系的方法。通过分析热重曲线，我们可以知道样品及其可能产生的中间产物的组成、热稳定性、热分解情况及生成的产物等与质量相联系的信息。

1. 热重分析仪及工作原理

进行热重分析的仪器，称为热重分析仪。热重分析仪可以分为热天平式和弹簧秤式两种。图11-28是热天平式热重仪的结构图。热天平不同于一般天平，它能自动、连续地进行动态测量与记录，并能在称量过程中按一定的温控程序改变试样温度，以及调控样品四周的气氛。

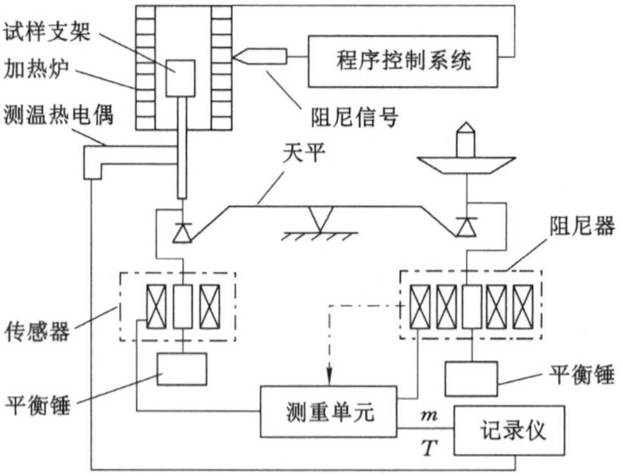

图11-28　热天平式热重分析仪的结构

热天平式热重分析仪的基本原理是将待测物置于一耐高温的容器中，此容器被置于一具有可程式控制温度的高温炉中，而此待测物被悬挂在一个具有高灵敏度及精确度的天平上，在加热或冷却的过程中，由于待测物会因为反应导致质量的变化，这个因温度变化造成的质量变化可以由以上提及的天平测量获得，并立即由传感器检测并输出天平失衡信号。这一信号经测重系统放大用以自动改变平衡复位器中的电流，使天平重新回到初始平衡状态(即所谓的零位)。通过平衡复位器中的线圈电流与质量变化成正比。因此，记录电流的变化即得到加热过程中试样质量连续变化的信息。一组热电偶被置于靠近待测物旁但是不接触，以测量待测物附近的温度，以此测量待测物的温度并控制高温炉的温度曲线。热天平中阻尼器的作用是维持天平的稳定。天平摆动时，就有阻尼信号产生，这个信号经测重系统中的阻尼放大器放大后再反馈到阻尼器中，使天平摆动停止。

2. 热重曲线

热重分析得到的是程序控制温度下物质质量与温度关系的曲线，即热重曲线，横坐标为温度或时间，纵坐标为质量，也可用失重百分数等其他形式表示，如图 11-29 所示。

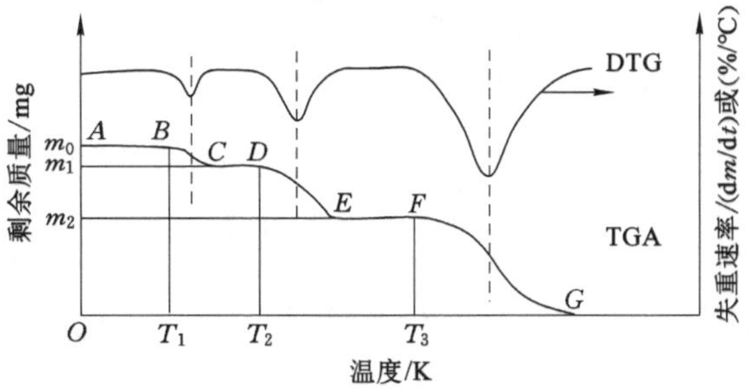

图 11-29　热重曲线

由于试样质量变化的实际过程不是在某一温度下同时发生并瞬间完成的，因此热重曲线的形状不呈直角台阶状，而是形成带有过渡和倾斜区段的曲线。曲线的水平部分(即平台)表示质量是恒定的，曲线斜率发生变化的部分表示质量的变化。因此，从热重曲线还可求算出微商热重曲线(DTG)。热重分析仪若附带有微分线路就可同时记录热重和微商热重曲线。

微商热重曲线的纵坐标为质量随时间的变化率 dW/dt，横坐标为温度或时间。DTG 曲线在形貌上与 DTA 或 DSC 曲线相似，但 DTG 曲线表明的是质量变化速率，峰的起止点对应 TG 曲线台阶的起止点，峰的数目和 TG 曲线的台阶数相等，峰位为失重(或增重)速率的最大值，即 $d^2W/dt^2=0$，它与 TG 曲线的拐点相应。峰面积与失重量成正比，因此可从 DTG 的峰面积算出失重量。虽然微商热重曲线与热重曲线所能提供的信息是相同的，但微商热重曲线能清楚地反映出起始反应温度、达到最大反应速率的温度和反应终止温度，而且提高了分辨两个或多个相继发生的质量变化过程的能力。由于在某一温度下微商热重曲线的峰高直接等于该温度下的反应速率，因此，这些值可方便地用于化学反应动力学的计算。

3. 热重分析方法的应用

热重分析的主要特点是定量性强，能准确地测量物质的质量变化及变化的速率。根据这一特点，可以说只要物质受热时发生质量的变化，都可以用热重分析来研究。可用热重分析来检测物质的物理变化和化学变化过程。我们可以看出，这些物理变化和化学变化都是存在着质量变化的，如升华、汽化、吸附、解吸、吸收和气固反应等。目前，热重分析法广泛地应用在化学以及与化学有关的各个领域中，在塑料、橡胶、涂料、药品、催化剂、无机材料、金属材料与复合材料等各领域发挥着重要作用。

思　考　题

1. 材料分析是如何实现的？
2. 形貌分析的主要内容是什么？采用的分析方法有哪些？
3. 物相分析的手段主要有哪些？其原理是什么？

4. 常用 X 射线谱仪有哪两种?
5. 红外吸收光谱的基本原理是什么?
6. 什么是热分析技术? 其包括哪四种分析技术?
7. DTA 和 DSC 分别代表哪种热分析方法?
8. 什么是热重分析? 热重分析的原理是什么?

参考文献

[1] 蔡丽朋,马云玲,刘晓红.混凝土结构[M].北京:化学工业出版社,2019.

[2] 蔡四维.复合材料结构力学[M].北京:人民交通出版社,1987.

[3] 车亚萍,初宝进,谭启.纳米添加物-聚合物界面效应增强 PVDF 基三聚物纳米复合材料的介电响应[J].中国科学技术大学学报,2020,50(6):758-768.

[4] 陈景华,张长森,蔡树元.无机非金属材料热工过程及设备[M].上海:华东理工大学出版社,2015.

[5] 陈平,于祺.双马树脂基复合材料空间损伤与界面改性[M].北京:化学工业出版社,2017.

[6] 成来飞,张立同,梅辉.陶瓷基复合材料强韧化与应用基础[M].北京:化学工业出版社,2019.

[7] 程希文.仿生智能材料研究进展[J].科技经济导刊,2021(5):55-56.

[8] 程显,李文博,陈硕,等.纳米 SiO_2/Al_2O_3 复合改性对环氧树脂绝缘性能的影响[J].高分子材料科学与工程,2020,36(11):86-92.

[9] 杜希文,原续波.材料分析方法[M].天津:天津大学出版社,2014.

[10] 范宏伟,李克睿,侯成义,等.多功能电致变色器件:从多器件到单器件集成[J].无机材料学报,2021,36(2):115-127.

[11] 傅小明.材料制备技术与分析方法[M].南京:南京大学出版社,2020.

[12] 傅小明,蒋萍.材料工程导论:双语[M].南京:南京大学出版社,2017.

[13] 干勇.关键基础材料的发展及创新[J].钢铁研究学报,2021,33(10):997-1002.

[14] 高培伟,仲建军,邓岩松,等.高性能轻质注浆材料制备与微观结构分析[J].华东交通大学学报,2021,38(1):29-35.

[15] 葛昌纯,沈卫平.现代陶瓷材料选用与设计[M].北京:化学工业出版社,2017.

[16] 管学茂,王庆良,王庆平.现代材料分析测试技术[M].徐州:中国矿业大学出版社,2018.

[17] 郭洁芬,赵喜玲,曹喜云,等.光致变色材料的制备、性能及变色机理[J].化学工程师,2021,35(9):57-60.

[18] 郭立童.材料导论:英文版[M].徐州:中国矿业大学出版社,2016.

[19] 何峰.微晶玻璃制备与应用[M].北京:化学工业出版社,2017.

[20] 何乐秋.浅谈高分子材料与生活[J].科学与财富,2017(25):36-38.

[21] 何秀兰.无机非金属材料工艺学[M].北京:化学工业出版社,2016.

[22] 侯谨,张义先,王诚训,等.新型耐火材料[M].北京:冶金工业出版社,2007.

[23] 胡意.新型材料与材料科学是现代经济和社会发展的支柱[J].现代营销(经营版),

2019(9):108.
[24] 李廷希,张文丽.功能材料导论[M].长沙:中南大学出版社,2011.
[25] 季伟,傅正义.特种陶瓷材料快速烧结新技术研究[J].中国材料进展,2018,37(9):662-670.
[26] 蒋正武.水泥基自修复材料:理论与方法[M].上海:同济大学出版社,2018.
[27] 焦宝祥.陶瓷工艺学[M].北京:化学工业出版社,2019.
[28] 雷文.材料成型与加工实验教程[M].南京:东南大学出版社,2017.
[29] 李嘉宁,巩水利.复合材料激光增材制造技术及应用[M].北京:化学工业出版社,2019.
[30] 李建辉,柴博,刘娇.特种陶瓷液压机液压顶出系统控制方法研究[J].山东理工大学学报(自然科学版),2018,32(6):34-38.
[31] 李远勋,季甲.功能材料的制备与性能表征[M].成都:西南交通大学出版社,2018.
[32] 李云凯,薛云飞.金属材料学[M].3版.北京:北京理工大学出版社,2019.
[33] 励杭泉,赵静,张晨.材料导论[M].2版.北京:中国轻工业出版社,2013.
[34] 练国富,张浩,陈昌荣,等.激光熔覆Ni35A+TiC复合材料熔覆形貌及成形效率影响研究[J].中国科学技术大学学报,2020,50(6):715-725.
[35] 林宗寿.无机非金属材料工学[M].3版.武汉:武汉理工大学出版社,2008.
[36] 刘斌.金属材料加工及热处理技术的发展[J].冶金管理,2021(17):27-28.
[37] 刘海鹏,金磊,高世桥.智能材料概论[M].北京:北京理工大学出版社,2021.
[38] 刘维良.特种陶瓷工艺学[M].南昌:江西高校出版社,2010.
[39] 刘伟,李能,周标,等.复杂结构与高性能材料增材制造技术进展[J].机械工程学报,2019,55(20):128-151.
[40] 刘宗昌,任慧平.金属材料工程概论[M].2版.北京:冶金工业出版社,2018.
[41] 娄旭.金属材料热处理工艺及技术发展形势[J].冶金管理,2021(19):20-21.
[42] 卢安贤.无机非金属材料导论[M].3版.长沙:中南大学出版社,2013.
[43] 毛卫民,王开平.材料:人类社会发展的基石[J].金属世界,2020(5):19-26.
[44] 倪红军,黄明宇.工程材料[M].南京:东南大学出版社,2016.
[45] 宁睿,高智勇,王海振,等.TiNi基形状记忆合金的辐照效应[J].材料工程,2021,49(3):14-19.
[46] 裴立宅.高技术陶瓷材料[M].合肥:合肥工业大学出版社,2015.
[47] 彭寿,杨京安.平板玻璃生产过程与缺陷控制[M].武汉:武汉理工大学出版社,2010.
[48] 皮爱民.浅谈金属材料热处理工艺与技术发展趋势探索[J].中国金属通报,2020(2):2-3.
[49] 齐宝森,张琳,刘西华,等.新型金属材料:性能与应用[M].北京:化学工业出版社,2015.
[50] 莫淑华,王春艳.工程材料[M].哈尔滨:哈尔滨工业大学出版社,2011.
[51] 桑瑶,魏杰,王东田.净水污泥复合颗粒吸附剂对氨氮的吸附性能[J].环境科学与技术,2020,43(12):14-20.
[52] 商泽进,王忠民,冯振宇.含形状记忆合金的智能材料结构的应用[J].稀有金属材料与

工程,2007,36(S3):163-167.
[53] 沈庆月,陆春华,许仲梓.光致变色材料的研究与应用[J].材料导报,2005,19(10):31-35.
[54] 史星祥.蛋白质型发泡剂的制备及其对泡沫混凝土性能的影响[J].混凝土与水泥制品,2013(11):23-28.
[55] 宋强,张鹏,鲍玖文,等.泡沫混凝土的研究进展与应用[J].硅酸盐学报,2021,49(2):398-410.
[56] 孙国栋,传贤贵.金属材料与热处理[M].成都:电子科技大学出版社,2019.
[57] 唐正霞.材料研究方法[M].西安:西安电子科技大学出版社,2018.
[58] 汪济奎,郭卫红,李秋影.新型功能材料导论[M].上海:华东理工大学出版社,2014.
[59] 汪泽霖.树脂基复合材料成型工艺读本[M].北京:化学工业出版社,2017.
[60] 王金敏,后丽君,马董云.氧化钼电致变色材料与器件[J].无机材料学报,2021,36(5):461-470.
[61] 王娟.无机非金属材料行业发展趋势分析[J].现代盐化工,2021,48(5):108-109.
[62] 王璐.复合材料夹层结构理论、设计与应用[M].北京:中国建筑工业出版社,2019.
[63] 王培铭,许乾慰.材料研究方法[M].北京:科学出版社,2005.
[64] 王荣国.复合材料概论[M].哈尔滨:哈尔滨工业大学出版社,1999.
[65] 魏言格,李俊,苏云.防寒服用智能材料的研究进展[J].现代纺织技术,2021,29(1):54-61.
[66] 吴玉程.材料科学与工程导论[M].北京:高等教育出版社,2020.
[67] 谢志鹏,余诺婷.智能终端陶瓷的发展与应用状况分析[J].陶瓷学报,2021,42(3):349-359.
[68] 徐德秀.园林建筑材料与构造[M].重庆:重庆大学出版社,2019.
[69] 徐峰,黄芸.新编金属材料手册[M].合肥:安徽科学技术出版社,2017.
[70] 徐林红,饶建华.金属材料及热处理[M].武汉:华中科技大学出版社,2019.
[71] 徐先锋,卢雪峰.纳米相增强C/C复合材料的结构与性能[M].成都:西南交通大学出版社,2018.
[72] 徐竹.复合材料成型工艺及应用[M].北京:国防工业出版社,2017.
[73] 闫秋会,秦周浩,刘倩,等.高性能混凝土发泡剂的制备方法研究[J].硅酸盐通报,2019,38(1):270-275.
[74] 颜国君.金属材料学[M].北京:冶金工业出版社,2019.
[75] 杨序纲,吴琪琳.复合材料的界面行为[M].北京:化学工业出版社,2020.
[76] 杨正芳,张悦,蔡金霄,等.层状双金属氢氧化物及其复合材料的制备与应用研究新进展[J].材料导报,2021,35(19):19062-19069.
[77] 姚熹.试论材料科学与工程的内涵与研究方法[J].西安交通大学学报,1995,29(9):1-6.
[78] 尹洪峰,任耘,罗发.复合材料及其应用[M].西安:陕西科学技术出版社,2003.
[79] 由伟.智能材料:科技改变未来[M].北京:化学工业出版社,2020.
[80] 余丽武.建筑材料[M].南京:东南大学出版社,2013.

[81] 余尧，段雯雯，张俊毅，等. 环氧化天然橡胶在制备天然橡胶/炭黑/碳纳米管复合材料中的应用[J]. 高分子材料科学与工程，2020，36(12)：27-33.

[82] 喻能，郭凯，那兵. 高性能三维分级结构 $CoSe_2$@C 锂离子电池负极材料[J]. 东华理工大学学报(自然科学版)，2020，43(6)：579-584.

[83] 曾祥雄，杨进超，左联，等. Li/Ce/La 共掺杂对 $CaBi_2Nb_2O_9$ 陶瓷晶体结构及电学性能的影响[J]. 无机材料学报，2019，34(4)：379-386.

[84] 张会. 材料导论[M]. 北京：科学出版社，2019.

[85] 张兰芳. 碱激发矿渣水泥和混凝土[M]. 成都：西南交通大学出版社，2018.

[86] 张立同，成来飞. 自愈合陶瓷基复合材料制备与应用基础[M]. 北京：化学工业出版社，2015.

[87] 张新民. 智能材料研究进展[J]. 玻璃钢/复合材料，2013(S2)：57-63.

[88] 张振瀛. 复合材料力学基础[M]. 北京：航空工业出版社，1989.

[89] 赵浩峰，卫爱丽，游志勇. 金属基复合材料：制备及在力学环境中的作用[M]. 北京：中国科学技术出版社，2008.

[90] 郑子樵. 新材料概论[M]. 2 版. 长沙：中南大学出版社，2013.

[91] 钟晓岚，刘雪晴，刁训刚. 基于氧化钨和氧化镍的电致变色器件研究进展[J]. 无机材料学报，2021，36(2)：128-139.

[92] HOU D S，ZHANG W，WANG P，et al. Microscale peridynamic simulation of damage process of hydrated cement paste subjected to tension[J]. Construction and building materials，2019，228：117053.

[93] LI Y Z，ZHAO Y，RAN X. Improvement of mechanical properties of Cu/graphene composite by in site reduction and matrix alloying with titanium[J]. Materials science forum，2021，1035：925-930.

[94] LIU G，WANG D，WU C，et al. A realization of excellent piezoelectricity and good thermal stability in $CaBi_2Nb_2O_9$：pseudo phase boundary[J]. Journal of the American ceramic society，2019，102(4)：1794-1804.

[95] RANJAN R，BAJPAI V. Graphene-based metal matrix nanocomposites：recent development and challenges[J]. Journal of composite materials，2021，55(17)：2369-2413.

[96] SUK M E. Effect of the nanotube radius and the volume fraction on the mechanical properties of carbon nanotube-reinforced aluminum metal matrix composites[J]. Molecules，2021，26(13)：3947.

[97] ZHANG H Z，XU Y D，GAN Y D，et al. Experimentally validated meso-scale fracture modelling of mortar using output from micromechanical models[J]. Cement and concrete composites，2020，110：103567.